# 由理性出發的
# 動物溝通筆記

# 鄔莉碎嘴

你是否曾想像過？
如果你家的狗狗能夠回答你，你家的貓咪能夠回應你，
那麼你跟你的毛小孩之間，會產生什麼樣的變化呢？

你是否曾想像過？
能夠順暢的表達自己的愛給毛小孩，能夠安穩的感受到毛小孩給自己的愛，確確實實不假手以他人，你是否相信——你，絕對可以做到？

動物溝通，不是只有我說，你聽，我說，你做。
**動物溝通，是一來一往的雙人舞，要家長與毛小孩一起調整步伐，才能擁有最美的旋律**。是因為有著互相想著彼此、掛念彼此、在乎彼此，才能傳遞愛給對方，讓雙方一起越來越和諧，越來越安定。

跟毛小孩一起生活，是不是一定要學溝通，才能通？
其實，不一定喲！

**「溝通」是了解彼此的重要方式，但不代表只要能溝通，就一定能夠互相了解**。
講同樣語言的人類們尚且如此，想了解溝通方法迥異於人類的毛孩們，需要更多的工具。

我是鄔莉，曾經是個麻瓜（麻瓜，Muggle，出自J・K・羅琳《哈利波特》系列小說，意指沒有任何魔法能力亦非出生於魔法世家的人，在動物溝通領域裡則被用在毫無感應的學習者的自嘲中），國中喜歡的科目是數理與生物，很想選三類組卻跑到一類組去讀語文，思維非常理性，喜歡分析，從小到大都不覺得自己有直覺，也沒有任何第六感或通靈體驗。

在2013年首次接觸動物溝通的我，歷經了半年無感期，後來是因為我的貓太想分享吃蟑螂的口感給我，讓我的嘴巴裡出現某種鹹酥雞般脆脆有汁的飽滿口感，深深震撼後跑去刷牙時才悟通：我以前一直以為所謂的動物溝通，是必須要「看到」、「聽到」才叫做溝通，但原來**純然的感受與當下直接的靈感，也是動物表達與回應的方式之一**。分享這段經驗（可能有點噁心，但還好只有口感沒有氣味，應該好一點？）是想要告訴翻開這本書的每一位朋友們：**學習動物溝通，天賦不重要**。

這本書是我這些年來與動物溝通和實務教學中的體驗與分享，就像筆記一樣，感謝將動物溝通分享給我的星亞老師與Alison老師，以及引領我在「光的課程」中行走的Linda老師，感謝一路以來陪伴支持的各位同學們、朋友們、學生們、家長們，感謝支持我的人類家人與動物家人，感謝商鼎數位出版公司，尤家瑋編輯的邀請，在茫茫人海中將我們連繫起來。我們想要在目前偏向感性的「動物溝通」書籍裡，推出一本以理性面向思考為主的書籍，讓理性的人們也能夠輕鬆理解：**原來動物溝通，真的沒有那麼神祕**。

我希望每個喜愛動物、渴望與動物們無隔閡的相處的朋友們，都可以有機會去了解與嘗試，讓人類與動物的生活品質越來越好，越來越和諧。

那麼，就讓我們開始吧！

# 目次

## Part 1 在開始之前，我為什麼可以做得到？


☆ 聊聊我對動物溝通的基本想法概念 .................3
☆ 關於溝通模式這個概念 ................................16
☆ 溝通模式的分類...........................................20
☆ 了解彼此的溝通模式有什麼幫助？ ...............21
☆ 跟動物溝通的關聯性是什麼？.......................22


## Part 2 認識溝通


*1* 人類與動物之間相似的溝通模式...................34
*2* 溝通模式在動物溝通中的感官延伸...............38
*3* 溝通模式會改變嗎？.....................................42
*4* 中高齡以後的動物溝通模式之轉變...............45


## Part 3 該如何有效率的溝通


*1* 視覺型的表達大整理......................................51
*2* 聽覺型的表達大整理....................................104
*3* 感覺型的表達大整理....................................154
*4* 本我型的表達大整理....................................196

**Part 4　從溝通裡我看到你，也看到我自己！**

*1*　在開始前的準備 ........................................ 234

*2*　一起邁出的第一步 ...................................... 235

*3*　從溝通模式開始理解 .................................... 240

*4*　從溝通模式開始練習 .................................... 246

**「晚安心肝」——屬於我們的情書** ............................ 251

# Part 1
# 在開始之前，我為什麼可以做得到？

溝通這件事情指的是個體對個體之間的交流方式。

**言語**、**肢體動作**、**眼神**，**都可以是溝通的工具**，只是人類太仰賴語言這個形式，忽略了其他的溝通工具。

一定要很感性的人才能學會動物溝通嗎？

不感性、很理性，也可以做到嗎？

其實，答案是肯定的：**感性或理性不會讓我們有學得會或者學不會的差別**，**再大的差別只在於分別適合的方式不一樣**而已。

**很理性的人也可以跟動物進行非語言的溝通**。

很理性的人只是還沒理解那是怎麼運作的而已，不代表他不能做到：就跟數學一樣，沒有學三角函數之前，我們也解不開正弦、餘弦等公式。

當他們理解並解了解運作原理後，很理性的人也可以逐步找回這個本能天賦。

透過瞭解溝通模式及其在互動關係間的運作呈現，人類跟動物可以回歸到非語言溝通的狀態，讓你跟你的同住動物夥伴更好之餘，也能透過與同住動物夥伴間的相處，讓你成為一個更好的人。

## ✩ 聊聊我對動物溝通的基本想法概念

雖說這本書是以與動物溝通為出發點，但其實並未被侷限於這個範圍內，一如序言中所提到的，透過動物溝通，除了可以幫助人類跟動物改善互動以外，也能從從動物身上「教學相長」，成為更好的人。日常生活中，我常遇到許多對於「動物溝通」抱持懷疑的人，不說別人，當我開始以此為正職時，就連我父母也曾語重心長的對我說：「欸，你莫騙人喔（Lí mài phiàn-lâng-ooh）！咱愛好好仔做人（Lán ài hó-hó-á tsò-lâng）！」一天到晚很怕在家收到我的存證信函或有人上門砸雞蛋，說我妖言惑眾或者詐騙世人。抱持懷疑的態度是一件好事，畢竟提出經典名句「我思故我在」的笛卡兒（René Descartes）也說過：「懷疑是智慧的源頭。」

我要**恭喜抱持懷疑而翻開這本書的你，你已經邁出獲得智慧的第一步了！**

關於「**動物溝通**」，你可以把它理解成「**非語言性溝通**」、「**直覺溝通**」。
簡單來說，就像是**能量在傳導、轉換間交互影響與共振**。

能量是物質的一種存在形態，表現形式非常多元，彼此間可以互相轉換。或許你會覺得「能量」這個詞很虛無飄渺，然而生活中卻能處處見到它的存在，比如光能是能量、電磁能

是能量、熱能是能量，磁鐵N極與S極，同極相斥、異極相吸的磁鐵效應，這些都是能量的表現形式。又好比生物細胞中含有細胞質及細胞核，其中有「葉綠體」和「粒腺體」，是細胞的發電廠，透過光照與氧化有機物質來產生高能電子後，在複雜的化學反應鏈作用下被轉化為ATP（三磷酸腺苷，使食物中的能量可以被用來讓細胞發揮功能的因子）幫助我們得以使用這股能量來發揮細胞功能。因此當一大群細胞組合在一起形成一個肉眼可視之物，比如**人類、動物、植物等，就會成為一個完整且獨立的能量集合體**。

這個集合體是能量的總和，以物質層面來說，其本身就是充滿各種能量的集合：代表熱能的體溫、神經系統傳遞出神經電所形成電場及磁場、聲音中帶有聲能，腦中的所思所想也帶有能量，這些交互作用產生出一定範圍的能量場。我們國小或國中一定有做過一種自然科學實驗，將鐵粉撒在磁鐵周圍，這些鐵粉會因受到磁力的吸引，而排列出許多圍繞磁鐵的圓滑曲線，這種明顯形成的磁力作用範圍就是磁場，是一種能量場的展現。

能量形式不僅多元，彼此之間還能互相轉換，例如我們都知道熱便當不要跟冰飲料放在一起，因為飲料會變不冰，便當會涼掉，或是我們打開一盞吸頂燈，整個客廳就會變得明亮，這些就是能量之間的傳導與轉換，因此，所謂的**「動物溝通」的原理之一就像是能量在傳導、轉換間交互影響與共振**。

**生活中處處可見能量場，那麼人體是否也有呢？答案是肯定的！**

科學家透過儀器檢測發現組織和器官會產生特定的磁脈動（生物磁場），它的範圍的大小說法不一，較廣為人知的說法是，磁脈動場域是蛋型，直徑約莫是人類雙手展開的一至兩倍長。相信大家或多或少都會有以下的經驗：在看完恐怖片後會有一段時間風聲鶴唳、草木皆兵，看見黑影還會自己嚇自己，起因就是我們透過視覺與聲音，將影片中傳遞出的能量收進能量場裡，讓我們變得更為敏感與易受驚嚇。還有一個常見的狀況是：朋友情緒低落但沒有表現出來，你跟他聊天時，對方的樣態是輕鬆愉快的，但你卻一直覺得有些違和感，關懷朋友後才發現他情緒低落的狀況，在聊天過程中我們隨著他的描述感同身受，跟著低落與難過，甚至在道別朋友回到家後，這個狀態還持續了一段時間。導致這狀態的原因之一，就是你跟你朋友的**能量場在互動過程中交疊重合並分享**，他散發出的能量得以流通傳遞而產生共振。類似的情況甚至也可能發生在講電話與閱讀文字訊息時，可見，能量交流也可以在沒有面對面的情況下發生。

人類間存在能量場的交疊分享，而動物也有。所以，你可以想像，你被包覆在一個巨大蛋型的能量場中，在靠近你的同住動物時，你和牠的蛋形能量場會產生交疊重合。這時就出現了一個關鍵問題：在人與人間的能量場交流中，可以透過聲音或語言傳遞能量，那當我們跟動物的能量場交疊時，讓彼此可以互相透過能量場互相傳導與影響的因素是什麼呢？

**我的答案是「信任」**。當彼此的信任度夠高，彼此的能量場就會願意為對方敞開，讓能量更順暢且無阻礙的交流。動物對照護者的信任度通常都非常的高，甚至可說趨近於100%，人類對動物的信任度也非常高。像是許多寵物飼主在家跟同住動物相處時，上廁所不關門、洗澡不關門或者會在家裸體到處走動，明明同住動物就在旁邊啊！怎麼還可以這麼奔放？很大程度就是因為人類的內心覺得動物對他們沒有危害、是安全的，這是信任度高的一個證明。

當人類與動物彼此靠近，彼此信任度很高，最好雙方又同處於一個放鬆的氛圍下，在這樣的情景就容易促成非語言性溝通。試想：當我們回到家躺在沙發上，狗狗走過來將頭靠在我們腿上，我們會自然的伸手摸牠並可能自問自答「你擔心我嗎？沒事啦我只是累累，休息一下就好，嗯？還是其實你只是過來提醒我你肚子餓了我還沒放飯？小氣鬼讓我休息耍廢一下會死喔，好啦好啦！不要那樣看我，我知道你餓了，我起來就是了！」明明狗狗過程中可能就只有行為表現跟幾個嚶嚶聲，但在**彼此放鬆敞開、能量場交疊**的情況下，人類就能在理性還沒意識過來時感受到，並脫口而出的回應那些非語言性的溝通訊息。

我們總會開玩笑說這是「腦補」，而我在此很鄭重地宣告，上述的那個過程，就是你跟你的動物進行動物溝通的呈現之一。

值得一提的是，如果你的同住動物不在身邊，「**想念**」這個行為也可以連結雙方的能量場，因為**能量跟隨思想**，**思想可以導引並放大能量**。或許你有過這樣的經驗：有好幾天一直想到某個家人或者某個朋友，結果過幾天後就真的收到對方的聯絡或者是見到面。就算你不在同住動物的身邊，但只要我們想念動物，認真想念著牠，牠就會像收到你傳給家人的簡訊那樣，「喔，我媽（或者我爸）在想我，我也想他」。雙方同時在想念，彼此是放鬆的、敞開的，就能讓雙方的能量傳導與影響。

## 郇莉和你說

《詩經．國風》裡有一句話：「寤言不寐，願言則嚏」，從古到今都有這樣的傳說，有的人一打噴嚏就會說：「誰在念我」或「誰在怨我」。這或許就是想念的力量喔！

上述的過程沒有包含到人類所慣用的語言概念。所以，我通常建議將**動物溝通這個名詞調整或理解為「非語言性溝通」**，會更為精準的傳遞出這件事情的過程。

「非語言性溝通」這件事情我們並不陌生，舉例來說：嬰幼兒時期的你，在還未發展出語言功能前，仍能以行為（視覺）、聲音（聽覺）或碰觸（觸覺）來與你的照顧者做最基礎的互動。嬰幼兒的五感發展不是一氣呵成，而是漸進式，比如說，剛出生時嬰幼兒視力只能看到眼前20公分的物體、出生15天後可以看到黑白兩色、出生14周能看見東西的構造與深度，隨著年紀逐漸成長，約莫6歲後才會真正發展成熟。簡單來說，聽覺、嗅覺與味覺在母體內的期間就會發展成熟，手、腳、嘴巴等觸覺發展要等出生後才會慢慢開始（通常都是先由嘴巴來認識這個世界，不知道的都放進嘴裡看看，這點貓狗也是一樣的）。所以和人類嬰幼兒互動，就像是和動物溝通一樣，**仰賴觀察、體驗，留意相處間每個瞬間的心領神會，就能滿足他們的需求**。

## 鄔莉和你說

嬰兒有個有趣的「尋乳反應」，也就是當母親用指尖輕觸嬰兒的臉頰、嘴唇或嘴角，嬰兒會張口並把臉轉向母親碰觸的地方，試圖尋找觸碰的來源。雖然是一種評估神經發展的「原始反射」，但是母親和嬰兒的溝通便是建立在觸覺上，母親的觸碰像是在說：「寶貝，你餓了嗎？」而嬰兒尋找的動作就是在說：「是的！媽媽，我餓了！」母親可以藉由這樣的觸覺反應評估嬰兒飢餓與否，這就是一種「非語言性溝通」。

相信到這裡你應該可以理解到「非語言性溝通」算是一種較原始的行為溝通模式。「語言」和「非語言」牽涉到人類左右腦半球的發展，目前已知人類有左、右腦半球，並不一定均衡發展，腦半球在人的一生中會因應使用習慣不斷調整與適應，比如大部分人（96%的右撇子）的語言中樞在左腦，且左腦半球的語言區塊比對應的右腦半球的語言區塊會稍微大一點。有一種泛論說法為：**左腦半球代表理性，處理邏輯、思考、判斷、推理、語言等結構性訊息**，是儲存著出生以來所經歷的所有知識的濃縮，幫助我們藉由經驗與學習，有效率地應對各種狀況；**右腦半球代表感性，處理形象思維、第六感、聯覺、情感、直覺等感受性訊息，相對大膽且創新**，對未知事務勇於探詢，擁有不受框架限制的創造力，能與藝術創作連結。（舉例來說，你就把左腦想像成理智、冷靜的「冷都男」，右腦則是熱情奔放的「小鮮肉」好了！）我們把這個泛論簡單整理如圖：

**左腦半球**｜理性，思考，判斷，推理，語言
主軸為「懷疑」，對任何事物保持思考，相對謹慎。

**右腦半球**｜形象思維，直覺力，第六感，感官感受，藝術創作
主軸為「相信」，對任何事物保持體驗，相對開放。

所以，你認為寵物溝通需要仰賴理性的左腦還是感性的右腦呢？

答案是：我們是成熟的大人，所以兩個都要！

相信你應該常聽到「理性的人比較沒辦法學會動物溝通」、「因為動物溝通要運用右腦的感官感受」、「不要問只要信」等既定印象，導致不少人就算想要與自家同住動物擁有更深入的情感交流，卻因此擔心自己「沒有天份」而卻步。這些既定印象不能說是完全正確或者錯誤，但我可以大聲肯定的告訴你們：「**這些說法已經是過時且不適當的了！**」因為左腦半球與右腦半球在處理資訊上並不是完全獨立的：正好相反，他們透過**胼胝體**互相配合，默契極佳，所有資訊同時進入腦中後被分開處理，隨時不斷整合，最終成為「思想」並產生「行為」。儘管有幾個功能區域特別集中在某側腦半球，但只要**兩邊腦半球不同腦區的資訊順暢交換時，整顆腦就能發揮100%的功能**。

### 郞莉和你說

胼胝體像是左右腦的橋，它位在腦中央，由厚神經纖維束組成，負責左右大腦半球間的資訊傳輸，協助溝通好如何完成一件事，所以，當胼胝體發育不全或受損時，左右腦意見就會不一樣，就會發生手不聽使喚、無法控制，嚴重影響日常生活。

**這也是為何我提倡在學習動物溝通這件事情上，每個人都可以成功**。人腦有個非常迷人的功能，叫做**認知彈性（cognitive flexibility）**，讓我們活在當下的同時想像著其他的可能性，幫助我們適應新情境或面對問題，因此人類擁有超越自己已知事實的力量與可能性。人類使用語言，也可以不侷限於語言，否則在語言還未發明的時代，人類如何交流？同樣的，動物使用聲音，當然也不侷限於聲音，兩隻狗遠遠對視時可能正在劍拔弩張，牠們的肌肉緊繃、頻繁舔鼻、張嘴喘氣或小範圍繞圈（犬類安定訊號），都是在進行非語言性溝通，每一個行動與感受都帶有「能量」，**我們在散發能量的同時也在接收能量**。**這些能量訊息的處理速度快過邏輯可意識到的程度**，**導致我們沒有意識到非語言性溝通的正在發生**，因此才有認為「非語言性溝通」是不存在的錯覺。但現在你可以知道，「**沒有察覺不等於不存在**」，就如同科學從來不會篤定地說出「神不存在」這件事，只會說「我們還無法完全證明神不存在」或「目前的儀器與技術還未能證明此一假說」。

## 郞莉和你說

認知彈性（cognitive flexibility），是指一個人面對問題及改變時，能夠用不同方向或是他人的角度看待事情，有彈性地調整行為，用來解決問題及適應環境的能力。換句話來說，你越願意依照情境轉換注意力、行為或思考，就越能適應新情境或面對問題；反之，若缺乏認知彈性，就會成為固執、不知變通的人。要獲得認知彈性，需要啟動許多認知功能，包含工作記憶、抑制分心、注意力、轉換等能力。

舉例來說，我曾經和我姊姊短暫同居過一段時間，她是一個很喜歡跟動物說話的人，她都說自己是在自言自語跟腦補，但每次我在旁邊觀察，都要糾正她說她那個行為是自問自答，而且我家的貓咪真的也有參與進去。

有一天她在廚房準備晚餐，我在客廳滑手機回訊息，突然聽到她在廚房說：「你來找我喔～」我抬眼一看，發現是我家最愛吃的貓咪次子跑去找我姊，在我姊的腿邊蹭來蹭去，張嘴發出無聲喵叫。她一邊做著手上工作一邊繼續說：「你肚子餓了喔？你要找你媽媽啊～蛤？媽媽在忙不理你喔？但我不知道你要吃什麼啊，而且我也在忙啊，這個是我的晚餐不是你的啊，你想要我分給你一點？不行啦這個小貓咪不可以吃啦，要試試看一點點？不可以喔～這個真的你不可以吃啊，你去找你媽媽啦，為什麼都要找我呢，我比較好商量嗎？是嗎？我比較容易心軟對嗎？你也不能因為我會心軟就這樣一直盧我啊你這樣很過分啦……」

聽到這裡我忍不住開口：「你不要跟我家小孩亂說有的沒的啦。」

我姊立刻否認：「我自言自語而已啦，才沒有跟牠亂說咧。」

「什麼沒有，我就在旁邊全程參與，你以為你在亂說，都真的是牠在回應你啦，對得起來啦。」我起身走過去，次子看到我靠近就高興地走過來讓我抱起來，我親親牠的額頭，對牠說：「再兩小時才吃飯，你這樣會害阿姨不專心工作，你乖乖好嗎？你是很棒很棒的孩子啊，你最可愛了對吧～」

我姊在旁邊伸手摸摸牠的背，忍不住說；「吼，很爽吼，媽媽這樣抱抱這樣疼，很開心吧！」

「對，牠真的蠻爽的。」

次子在我懷裡，因為人類的摸摸而瞇瞇眼，一臉愜意。

類似這樣的情景發生了許多次，其中也包括我去朋友家看他們的人、寵互動、甚至是網路上的寵物影片，**其實人類與同住動物的溝通一直在進行**，只是人類在還沒意識到這就是溝通之前，都不會認知到這個事實。你也會跟你的同住動物自問自答嗎？不用擔心了，現在我在這邊可以很肯定的告訴你們，**各位已經跟你們的動物進行無數次的溝通過了**。

## ✰ 關於溝通模式這個概念

在前面所說的基礎下，我開始找尋有沒有更平易近人的、更好在生活中觀察的方式，可以幫助人類理解跟感受到「非語言性溝通」這件事情可以是有條有理、有論述支撐，且具有可實驗性的。

第一次接觸到「溝通模式」這個概念，是我在人與人的親密關係相關課程中學習到的。這個理論是由NLP（神經語言程式學，Neuro Linguistic Programming）中的溝通和學習模式類型衍生而來。在NLP系統中，優位感覺有三種：視覺型（Visual）、聽覺型（Auditory）、觸覺型（Kinesthetic），每個人類和外界聯繫互動時都會有自己接收與送出訊息的方法。每個人也會有各自擅長的溝通模式，也就是他自己的「優先採用模式（preferred Mode）」，**明白每個人的優先採用模式能有助於發展更加輕鬆愉快的人際關係**。

### 郿莉和你說

神經語言程式學（Neuro Linguistic Programming），為了便於理解，一般譯作「身心語言程式學」。

NLP乃專門研究人類「大腦」、「語言」、「行為」三方面關係的學問，它深入分析人類複雜行為背後的成因，並發展出各種技巧、方法，協助人類能達到更卓越行為的展現。

溝通模式的理論很簡單：人跟人之間雖然說著同種語言，但還是會有誤解、爭執、對立，原因在於我們**每個人習慣使用的溝通模式順序不同**，類似於每個人的MBTI（16型人格測驗，Myers-Briggs Type Indicator）不同，才導致了雙方的雞同鴨講。

## 郥莉和你說

16型人格測驗（Myers-Briggs Type Indicator, MBTI）是透過4種獨立的指標區分，反映出榮格提出的4類性格偏好，每個指標有2種可能，依序組合而成的性格評估：

| | | |
|---|---|---|
| **應對外界的方式** | Extraversion (E)（外向） | Introversion (I)（內向） |
| **蒐集資訊的方式** | Sensing (S)（感覺） | Intuition (N)（直覺） |
| **做決定的方式** | Thinking (T)（思考） | Feeling (F)（情感） |
| **處理事情的方式** | Judging (J)（判斷） | Perceiving (P)（感知） |

透過多道題目來評估受測者在上述4種指標傾向哪種可能，不同的比重產生不同表現，最終組合成16種人格類型。

我以前從沒想過，原來人跟人之間的衝突，**有可能不是觀念上的交鋒**，**而僅僅是每個人習慣的講話方式不同**，就會造成兩個相愛的人大吵一架。先以表達愛的方式來舉例應該就很能明白：視覺型的人在乎實際的、眼睛可見的表現來表達自己的愛意（如眼神交流、表情、親密動作、肢體動作等），所以他可能會選擇實際行為來付出他的愛，例如每日接送上下班、每日早中晚的關懷問候訊息、直接買對方會喜歡的東西贈送等等。但聽覺型的人則不是這樣，他們在乎耳朵聽到的聲音與聲響，所以他可能會選擇直接口頭表達愛意、感謝，比起打字訊息更喜歡語音通話聯繫感情，當然，也會喜歡被這樣對待。

因此在伴侶關係中最常出現的經典橋段：一方指責對方都不說我愛你、另一方指責對方都沒有為感情付出，這樣的爭吵劇情，就只是視覺型跟聽覺型間顯而易見的摩擦而已。但假若這對伴侶對彼此的溝通模式有清楚的認知，他們其實就能有更多的彈性空間來選擇更好的做法以避免衝突，也能有更多的體諒和配合互動，讓彼此的感情更融洽也更和諧。

## ☆溝通模式的分類

那麼溝通模式有幾種？又要怎麼了解自己的溝通模式呢？

溝通模式有四種：**視覺型**、**聽覺型**、**感覺型**、**本我型**，每個人都具備這四種模式，但比重不同，排序不同，可藉由後面P.24頁，我規劃整理的基礎測驗去了解自己的溝通模式之排序。當你了解自己的排序時，會像我一樣恍然大悟：**原來過往我們自己認為的缺點，只不過是自身比較不擅長的感官延伸**。

以我自己來舉例：我的溝通模式順序是感覺型→聽覺型→本我型→視覺型。自我懂事以來，我的家人經常指責我「沒有心思沒有用眼睛觀察」、「眼睛都不會盯著人看很沒禮貌」、「為什麼這麼明顯的東西都看不到」等等語句。我試著調整，但總是改不過去，每次他們一唸我就感到焦慮甚至惱羞成怒，但是時間一長又恢復原本狀態，我數不清自己因為這種事情跟家人爭吵過幾萬次了。

但是當我透過了解自己的溝通模式，明白自己的視覺型項目居然是分數最低的之後，就感覺心頭原本那個緊緊悶悶的感受鬆開了。在溝通模式的呈現中，我的聽覺敏感度優於視覺敏感度，所以我習慣用聽的來記事，聽到了才會特別注意，沒有聽到就不會特別留意，整理環境是這樣，交付任務給我也是這樣。我往回推論，觀察我的家人後，發現最常跟我起衝突的家人是視覺型優先，難怪。難怪我們住在一起時，常常因為生活瑣事吵架。他會批評我疏於維護環境整潔與維持工作區整齊，我則會對於他總是將音響放至最大音量的舉動而感到被冒犯，這都只是因為視覺型與聽覺型在接受與表達上是完全相反的兩個類型（同樣的，感覺型跟本我型也是）。

## ✩ 了解彼此的溝通模式有什麼幫助？

溝通模式能夠簡單的被他人理解，就像心理測驗，不會很抽象，也很容易去聯想到生活中的互動經驗，所以分享層面非常廣。了解這件事情後的好處有很多，最棒的就是當我去跟我家人分享這個概念後，我們就明白了彼此之間曾因此產生了多少誤解，雙方在生活中活用這套理論後，變得能夠去同理彼此的溝通模式，也會調整自己的表達，以符合對方的溝通模式。家人用聽覺型的方式表達給我，我用視覺型的方式表達給對方，儘管偶爾還是會有小小矛盾，但整體家庭氣氛變得更為和樂。

後面為大家個別介紹分享這四種溝通模式的呈現，也有評量表可供填寫。大家可以填寫後依總分為自己排序。

## ✰ 跟動物溝通的關聯性是什麼？

在動物溝通中也會運用到日常生活裡熟悉的溝通模式：日常熟悉的溝通模式順序就是我們和動物溝通時所呈現的順序。和動物溝通的感受與人類不同，人類使用語言這個工具來跟另一個人類交流，一來一往後才能完成溝通，但跟動物溝通時則不是這樣，像是眼神、肢體動作、感受、瞬間閃過的靈感、腦中回想起的畫面、內隱記憶等，這些才是我們在與動物溝通時使用的工具。而這些工具的選用自然因人而異，沒有正確答案，沒有使用哪個工具才正統的問題。為了減少你學習溝通的挫折，非常建議在嘗試動物溝通的練習以前，可以先了解自己的溝通模式順序，並了解它們在動物溝通中會以怎樣的答案形式呈現，為自己增加信心跟穩定度。

### 郥莉和你說

內隱記憶（implicit memory）與外顯記憶（explicit memory）是我們大腦長期記憶的兩種呈現，差別在於在我們回想時，是否有意識自己正在主動回憶這些記憶。

廚師煮飯下調味料時並不特別記得每種調味料的份量該怎麼放要放多少才美味，音樂家演奏樂器時也不會特別記得自己是在何時何地學會如何演奏的，羽球選手比賽時做出的每個動作前不會特別思考自己該如何反應，這些都是「內隱記憶」。提取內隱記憶時，我們並未自覺自己正在「記得」如何做這些事（不需要任何意識努力，就可取得訊息）。

當有人問「你今年幾歲？」或「你放學後都怎麼回家？」等問題時，我們會知道自己有意識的在進行回憶或再認以得到答案，這就是「外顯記憶」。提取外顯記憶時，我們會知道自己正在回想（做意識上的努力以取得訊息）。

除此之外，溝通模式也可以運用在同住動物夥伴身上。在跟人類長時間相處後，動物會本能性的學習到為了擁有更好的生活品質，牠們應該用怎樣的方式來跟人類表達牠們的需求跟回應人類。在動物溝通這個領域裡，人類要學習著放掉語言的限制，試著用更彈性、更多可能性的態度，去感受跟體驗一切。後面同樣也會為大家個別介紹分享這四種溝通模式在動物身上的可能呈現，也有評量表可供填寫。

動物的腦迴路一樣會形成模式，牠們會透過模式辨識找出在世上與人類一起生活的方式。跟人類較不同的是，四種溝通模式人類都會使用，但動物通常會優先使用一或兩種溝通模式，因為牠們的表達明確，也都很肯定自己的需求為何，自然會選用最有效率的工具，以達到自身目的。

## 你的溝通模式評量表（人）

❖依據分數高低排列就可知道你的優位順序。

### TYPE 01 >> 視覺型

總分：______

| 項　　目 | 完全符合 | 幾乎符合 | 部份符合 | 完全沒有 |
| --- | --- | --- | --- | --- |
| | 3分 | 2分 | 1分 | 0分 |
| 説話時會以描述表面現象為主，習慣在腦中邊描繪影像、邊説話。 | □ | □ | □ | □ |
| 喜歡明亮（例如白光）、看得清楚。 | □ | □ | □ | □ |
| 資訊來源以眼睛看到的訊息優先，習慣觀察，注重人的行為、表情與明確行動。 | □ | □ | □ | □ |
| 記路線不是以路名，會找地標或者好注意的辨識物。 | □ | □ | □ | □ |
| 獨處時可以有背景音（人聲或快節奏音樂）不會被影響，甚至可能不習慣太安靜。 | □ | □ | □ | □ |
| 講話會以「看起來～」作開頭。 | □ | □ | □ | □ |
| 相對聽覺型，較不重視聽到的資訊（路上拿到感興趣的傳單時會先看傳單文字再聽對方説明）。 | □ | □ | □ | □ |
| 偏好於打字溝通（書面文字較好理解）或面對面（觀察對方肢體動作與表情）。 | □ | □ | □ | □ |
| 會無意識的碎碎念，但只是看到什麼就説出來。 | □ | □ | □ | □ |
| 講話時較不注意自己的聲音與詞彙，語速快。 | □ | □ | □ | □ |

## TYPE 02 » 聽覺型

總分：______

| 項　　目 | 完全符合 | 幾乎符合 | 部份符合 | 完全沒有 |
|---|---|---|---|---|
| | 3分 | 2分 | 1分 | 0分 |
| 聊天時會因應對方話語內容回應找話題，習慣邊思索邊與人溝通。有時會太多話。 | □ | □ | □ | □ |
| 較喜歡低明度（例如黃光）的場所。 | □ | □ | □ | □ |
| 資訊來源以耳朵聽到的訊息優先，習慣傾聽。 | □ | □ | □ | □ |
| 獨處時習慣完全安靜，較喜自然環境音效或古典樂等安靜悅耳的聲音。 | □ | □ | □ | □ |
| 講話會以「聽起來～」作開頭。 | □ | □ | □ | □ |
| 相對視覺型，較不重視看到的資訊（路上拿到感興趣的傳單時會先快速看傳單文字一眼後邊聽對方說明邊細部審視）。 | □ | □ | □ | □ |
| 習慣用「啪磅」、「唰啦」、「嘩啦嘩啦」等擬聲詞來形容發出的聲音和音量大小，對方講錯會糾正。 | □ | □ | □ | □ |
| 偏好語音通話（從聲音跟對話裡獲得大量資訊）。 | □ | □ | □ | □ |
| 碎碎念通常是念給自己聽與整理思緒用（不是要念給別人聽的）。 | □ | □ | □ | □ |
| 在乎自己講話音質，會注意自己講話的音量與詞彙。 | □ | □ | □ | □ |

## TYPE 03 » 感覺型

總分：______

| 項　　目 | 完全符合 | 幾乎符合 | 部份符合 | 完全沒有 |
|---|---|---|---|---|
| | 3分 | 2分 | 1分 | 0分 |
| 觸覺敏感（對觸碰的力度與方式敏感）喜歡的對象可以一直碰觸，不喜歡的碰都不想碰。 | ☐ | ☐ | ☐ | ☐ |
| 表達習慣以「情緒」與「當下感受」為出發點。 | ☐ | ☐ | ☐ | ☐ |
| 情緒的好與不好會影響整體給人的觀感狀態。 | ☐ | ☐ | ☐ | ☐ |
| 重視自身感受，但有時會太過拘泥而陷入偏執。 | ☐ | ☐ | ☐ | ☐ |
| 在乎環境氣氛與整體感受（比如好朋友自遠方來就一定要帶他吃自己最喜歡的店家，吃不到會很失落）。 | ☐ | ☐ | ☐ | ☐ |
| 對事物的是非判斷取決於當下感受（情緒平穩時可以接受被插隊覺得他可能很趕時間，但情緒低落、焦慮時則無法接受並會放大情緒，有時可能會遷怒）。 | ☐ | ☐ | ☐ | ☐ |
| 溝通時，情緒無法同步，可能無法理解對方。 | ☐ | ☐ | ☐ | ☐ |
| 對情緒與壓力敏感（情緒或者壓力太滿時會反應在夢境、消化系統與皮膚）。可以藉由進食安撫自己的情緒。 | ☐ | ☐ | ☐ | ☐ |
| 感受力豐沛，會使用各種形容擬態詞（厚、軟、濕、潤等）。 | ☐ | ☐ | ☐ | ☐ |
| 敏感多思，會有腦內小劇場（但通常是自己誤會）。 | ☐ | ☐ | ☐ | ☐ |

## TYPE 04 ≫ 本我型

總分：______

| 項　　　目 | 完全符合 | 幾乎符合 | 部份符合 | 完全沒有 |
|---|---|---|---|---|
| | 3分 | 2分 | 1分 | 0分 |
| 不太喜歡肢體接觸，包括自己喜歡的對象也是（因為敏感，觸碰時可能就有直覺浮現，因此會避免碰觸）。 | □ | □ | □ | □ |
| 說話時常一句話講完重點。 | □ | □ | □ | □ |
| 通常沒什麼情緒，較冷靜。 | □ | □ | □ | □ |
| 回答時常常說的是「沒有為什麼」。 | □ | □ | □ | □ |
| 可能難以理解別人在乎的情緒，因為自己很少有情緒。 | □ | □ | □ | □ |
| 當別人觀點與自己直覺牴觸無法同理對方（直覺優先）。 | □ | □ | □ | □ |
| 對情緒比較不敏感，因此不太會安慰人只會講道理。 | □ | □ | □ | □ |
| 心慌的時候沒有方法可以安撫，只能等自己冷靜下來。 | □ | □ | □ | □ |
| 對於既定印象通常難以扭轉，很認定自己的第一印象。 | □ | □ | □ | □ |
| 越了解自己的情緒與生命經驗，越知道怎麼跟他人互動（否則常不懂別人在幹麼）。 | □ | □ | □ | □ |

# 寶貝的溝通模式評量表（動物）

❖依據分數高低排列就可知道你寶貝的優位順序。

## TYPE 01 >> 視覺型

總分：______

| 項目 | 完全符合 | 幾乎符合 | 部份符合 | 完全沒有 |
|---|---|---|---|---|
| | 3分 | 2分 | 1分 | 0分 |
| 喜歡待在至高點，或能一覽無遺、交通要道的地方（如玄關、走道、出入口等）。 | ☐ | ☐ | ☐ | ☐ |
| 對陌生環境跟人類會焦慮緊張，但看習慣後就沒事了（比如本來抗拒去醫院，實際在醫院住7天後就對醫生跟診療台感到自在了）。 | ☐ | ☐ | ☐ | ☐ |
| 緊張時會躲起來看。 | ☐ | ☐ | ☐ | ☐ |
| 可能很愛叫（通常都有目的，比如討食、要撒嬌、抗拒等），因為叫是讓人類理解最有效的行動。 | ☐ | ☐ | ☐ | ☐ |
| 視訊通話時會跑掉，牠們不懂為什麼有聲音卻沒有眼睛可見的形體，所以會緊張。 | ☐ | ☐ | ☐ | ☐ |
| 比較不給摸抱（會跑去旁邊舔毛或者滑開）覺得四目相對就是表達愛，常盯著人看。 | ☐ | ☐ | ☐ | ☐ |
| 會待在可以看到人類家長的地方、會跟著移動到不同空間，但不一定靠近。 | ☐ | ☐ | ☐ | ☐ |
| 心情好會用行動表達（磨蹭或明顯靠近）。 | ☐ | ☐ | ☐ | ☐ |
| 容易讓人感覺表情跟肢體豐富。 | ☐ | ☐ | ☐ | ☐ |

## TYPE 02 >> 聽覺型

總分：______

| 項目 | 完全符合 | 幾乎符合 | 部份符合 | 完全沒有 |
|---|---|---|---|---|
| | 3分 | 2分 | 1分 | 0分 |
| 聲音多樣化，沒事時都叫，喜歡被回應，叫一聲回一聲（大多沒有目的）沒有被回應的話會堅持到被回應為止。 | □ | □ | □ | □ |
| 討厭大聲響，對聲音敏感，容易因為施工或人類吵架而累積壓力。 | □ | □ | □ | □ |
| 緊張時會一直大叫。 | □ | □ | □ | □ |
| 對人類的語言敏感度高（比如說牠胖時可能就會自行理解成被斥責並拒絕進食）。 | □ | □ | □ | □ |
| 喜歡溫柔的高音頻娃娃音，對低音頻的聲音會排斥甚至覺得那是拒絕跟斥責。 | □ | □ | □ | □ |
| 喜歡安靜輕柔的聲音跟音樂。 | □ | □ | □ | □ |
| 通常，人類家長會用牠們的名字即興發揮唱成奇怪的歌，牠們喜歡被家長這樣對待。 | □ | □ | □ | □ |
| 在陌生環境時如果有熟悉的聲音（人聲安撫或者音樂）會穩定很多。 | □ | □ | □ | □ |
| 視訊通話時會湊過來聞話筒或磨蹭（聲音是認得的）。 | □ | □ | □ | □ |

## TYPE 03 ≫ 感覺型

總分：______

| 項　　　目 | 完全符合 | 幾乎符合 | 部份符合 | 完全沒有 |
|---|---|---|---|---|
| | 3分 | 2分 | 1分 | 0分 |
| 重吃，或者特別挑食。 | ☐ | ☐ | ☐ | ☐ |
| 觸摸、食物或零食可以滿足大部分需求；緊張時會一直想找東西吃。 | ☐ | ☐ | ☐ | ☐ |
| 家長與環境都需要維持相對規律的生活型態。 | ☐ | ☐ | ☐ | ☐ |
| 生活上有一套制式化或規律的作息表，被打亂會焦慮不安。 | ☐ | ☐ | ☐ | ☐ |
| 偏好於貼著人，喜歡被觸碰或者撫摸。 | ☐ | ☐ | ☐ | ☐ |
| 喜歡被摸摸，但可能摸太多會造成攻擊行為（刺激太頻繁難以負荷需要洩壓）。 | ☐ | ☐ | ☐ | ☐ |
| 需要擁有自己的毯毯跟床，連結安心感。當牠們身處在陌生環境或者家長不在的狀況下，有固定氣味（牠們或者家長的氣味）的物品可以安撫牠們。 | ☐ | ☐ | ☐ | ☐ |
| 容易做夢，皮膚跟腸胃都較敏感需保養。 | ☐ | ☐ | ☐ | ☐ |
| 習慣用「咬」來表達情緒，通常不怕打罵，會藉由破壞玩具來抒發壓力，太耐咬的玩具會造成牠的挫折。 | ☐ | ☐ | ☐ | ☐ |

## TYPE 04 » 本我型

總分：______

| 項　　　目 | 完全符合 | 幾乎符合 | 部份符合 | 完全沒有 |
|---|---|---|---|---|
| | 3分 | 2分 | 1分 | 0分 |
| 很獨立、很室友，不太需要陪伴。 | ☐ | ☐ | ☐ | ☐ |
| 有陽光、空氣、水，滿足基本需求（食物、排泄、遊戲、散步等）就好。 | ☐ | ☐ | ☐ | ☐ |
| 物質慾望低，玩具固定，好奇心平平。 | ☐ | ☐ | ☐ | ☐ |
| 可以把自己照顧好。 | ☐ | ☐ | ☐ | ☐ |
| 原始動物性程度高，通常跟人類互動頻率低。 | ☐ | ☐ | ☐ | ☐ |
| 有說明與告知原因可以提高配合度。 | ☐ | ☐ | ☐ | ☐ |
| 家長狀況越穩定，毛小孩越穩定，反之亦然。 | ☐ | ☐ | ☐ | ☐ |
| 心慌時無法被安撫，只能讓牠自己冷靜。 | ☐ | ☐ | ☐ | ☐ |
| 緊張時會陷入慌張跟暴動。 | ☐ | ☐ | ☐ | ☐ |

# Part 2 認識溝通

要是能與你交談就好了！

## 1 人類與動物之間相似的溝通模式

「**男人來自火星，女人來自金星**」這句話代表的是，每個人在意的點跟看法都不一樣，有時候落差甚至會大到如同來自不同星球。所以，有的人見聞廣闊，一個話題給他，他可以變出十個來延伸。有的人擅長專注。他或許不太會閒聊，但他可以很深入的討論。

這世上沒有真正無法聊天溝通的人，只有不適合的方式，我們不能要一個實事求是的人信任隻字片語，要喜愛隨興生活的人以制式的方式生活，也不能用同樣的標準來要求所有人。有的人就是聽你報備就能安心，有的人就是要眼見為憑，有的人可以交托無條件的信任，也有的人信奉感覺至上。

了解自己的溝通方式，了解同住動物的溝通方式，雙方用相近的方式開始溝通，可以更加事半功倍。

當你為自己與自己的動物夥伴做完測驗後，不妨回頭看看你們之間的溝通模式，是否很相似？

這也是我在研究溝通模式時特別感興趣的一部分：動物很重視自己的生存權益，為了提高自己的生活品質跟達到自身目的（食物、遊戲或關注等），在人類家庭中，牠們會隨著照顧者們的溝通模式去調整、配合人類的溝通模式。或許是因為動物對改變的彈性比人類大得多，也或許這是牠們的生存本能，畢竟擁有相近的溝通模式，在團體生活中可以避免矛盾與爭吵的同時，也可以確保對方絕對能理解自己表達出的需求與喜好。

動物因先天所致，大部分是以聽覺型與本我型溝通模式在運作，但隨著與人類互動的比例提高，牠們也會逐步學習以視覺型與感覺型的溝通模式來表達。貓、狗這兩個人類馴養歷史長的物種最明顯，甚至能學習到表達「情緒」這個程度。其他如昆蟲、水族、兩棲爬蟲類（守宮、角蛙、蜥蜴、蛇等）原始動物性高的物種則還是會以本我型為主，牠們的情緒起伏較少，相對穩定，飼養此類物種的人類照護主也較少在實際生活中與牠們親密互動（相較於跟貓狗互動的頻率）。

就像是前面有提到的，我的溝通模式是感覺型→聽覺型→本我型→視覺型，我家第一隻貓（長子）是感覺型跟聽覺型，第二隻貓（次子）是感覺型跟視覺型，第三隻貓（么妹）是感覺型跟本我型，最後一隻貓（么弟）是本我型跟聽覺型。在實際互動時，最容易跟我有互動關係的確實是與我溝通模式相近的長子跟么弟，接著是次子，最後才是么妹，牠幾乎不太跟我有主動互動。在相處中，我會需要投入較高專注力在與次子互動上，因為我看不懂牠的表達（視覺型），牠也不懂我的表達（聽覺型），就會造成誤解。

最簡單的舉例是：我習慣以口頭的「我愛你」表達我對貓咪們的愛意，可是對次子來說，與其對牠說「我愛你」那句話，不如單純將眼睛視線放在牠身上，與牠溫和的四目相對，或者直接去摸牠、抱牠、給牠可以入口的零食或是食物，讓牠感受到我愛牠的效果會更實際。長子與么弟在這部份就很通暢，牠們會有特定的個別音調音頻讓我知道牠想幹麼，肚子餓、想玩耍、想撒嬌討摸、純粹無聊、準備嘔吐、疼痛反應等，靠著那些聲音我可以很快掌握牠們情況，牠們也可以因為我的音調音頻起伏而感受到我的意圖（比如要開罵啦、肯定牠們、鼓勵牠們、安撫牠們、制止牠們等）。

「發出聲音」對次子來說是最大弱項：牠的聲帶因為在幼年時期的呼吸道感染，未及時獲得醫治而受損。牠年輕時還能在情緒激動時大聲「噢！」出單音節，但隨著年紀漸長直到現在，牠變得只能發出無聲，或者沙啞如咬碎餅乾般的聲音。話雖如此牠也沒有氣餒，生命會自己找到出路，牠非常認真的找到方法來獲取我的注意：

- 因為牠上呼吸道過敏，導致牠呼吸聲粗重，只要聽到牠呼吸聲突然變得更明顯，就會注意到牠靠近或者牠有需求。
- 牠會去撥弄能製造出聲響的物品，如塑膠袋、掉落地上的筆、玩具沙沙鼠、刻意製造的磨牙聲，甚至是直接去挑釁另一隻會叫的貓，讓那隻貓幫牠叫出來引我注意。
- 直接走到我旁邊輕咬我，讓我把注意力放在牠身上。

這些行為都是在長時間相處下，逐漸衍生出來的溝通習慣。配合牠的行為改變，我也在生活中調整自己應對牠的表現，比如增加與牠眼神對視，隨時留意牠的行動，比起口頭讚美改用實際零食安撫鼓勵，經年累月下來，我們之間的感情因溝通模式的適當運用，而變得更穩定。

剛剛有提到么妹與我的互動頻率非常低，低到彷彿沒有我也可以過得很好的程度。（我是不是該勇敢點把彷彿兩個字去掉？）以前的我會因此感到自責，是不是我太忙了疏忽陪伴，才導致牠對我的不冷不熱、相敬如賓？而在理解溝通模式後的我明白了，不是我們哪個地方沒做好，單單就只因為那樣是牠舒服的、喜歡的溝通模式呈現，反而我太頻繁主動的找牠互動會導致牠的緊迫與壓力，這樣的互動頻率是牠所自在的，況且牠很篤定環境與成員都是值得信賴的，所以牠也不會擔心太少互動會造成雙方情感淡漠。我認真想想，也不是不能明白牠這樣的溝通模式，因為當我非常需要獨處時，我也會像牠這樣，把與人社交的頻率降至最低，只在自己準備好時與人互動交流，就算一整天沒有人找我，我也不會因此難過受傷，反而會感到輕鬆。

溝通模式這個概念不需要像我們過去所想像那樣的要「學會」動物溝通，只要明白這套運作原理，把這個概念落實在生活中時，我們會發現，其實不需要透過動物溝通師跟動物溝通，我們一樣可以在相處的每時每刻中，以彼此的擅長的溝通模式進行交流與溝通。我敢肯定，沒有任何人會比照護者還清楚、還了解自家同住動物的個性與表達，同住動物一定會在經年累月的相處中發展出跟我們相仿的溝通模式與表達習慣，這讓我們在日常生活中就能感受與觀察到牠們的需求和表達。

人類家長在這個學習過程中需要注意的僅為提醒自己，以觀察和體驗來取代分析與解釋。這件事情遠比我們預想的還簡單，把持開放的心來感受這一切，你會發現，你將能以有別於過往的方式來認識你家的同住動物。

## 2 溝通模式在動物溝通中的感官延伸

接著我們來聊聊溝通模式在動物溝通中的感官延伸。在我們了解自己的溝通模式、動物的溝通模式、彼此間的交互影響、實際觀察體驗且有所收穫後，便進展到此類觀念在動物溝通中的感官延伸。隨著每個人類不同的溝通模式，在動物溝通時會有不同的感官接收與反應訊息。

一般而言，我們日常生活中越習慣的感官，在與動物溝通時的反應會越活絡。試想，當耳朵聽過越多的音效，你就越容易在日常生活中辨認出來（比如區分出人類上樓時，從腳步聲去聯想是男性？女性？是穿拖鞋？是穿布鞋？還是高跟鞋？等等）；當你品嘗過越多種類的食物，你也越能在享用食物時辨認出來（比如調酒或甜點中使用的水果風味、牛肉部位是軟嫩的菲力還是口感紮實的沙朗、雞胸肉與雞腿肉的差別、胡蘿蔔、青椒、香菜等高度辨識性的口味等等），這些日常生活中累積下來的內隱記憶會在我們跟動物溝通時持續運作，協助我們在被外在刺激觸發內隱記憶時，以無意識的方式來表現。下面為大家簡單的條列出一些呈現方式，並以詢問動物「你喜歡吃乾飼料或是罐頭？」的問題舉例：

**視覺型 >> 腦內回想起跟動物相處的畫面與回憶，或覺得動物做出卡通式表情。**

「我突然想到，昨天晚上給了牠一個新口味罐頭，牠把它全吃光了還一直舔嘴巴。」

「嗯？我突然想起我在牠的乾飼料裡灑雞肉乾的畫面。」

「牠喜歡吃乾飼料吧，因為我看到牠給飼料都會吃光光啊！」

「我想到我買的一包凍乾，可是我很少給牠吃欸。是牠在跟我指定嗎？」

「我突然想到在眼前擠貓咪肉泥的動作。欸？這意思是不要飼料跟乾飼料，要肉泥對吧？」

「今天吃雞肉好嗎？（腦中突然想到冰箱裡有塊鮭魚）你要吃鮭魚？你想吃鮭魚？」

「剛剛我問牠對吃生肉的感覺如何，我覺得牠好像一臉便秘。」

**聽覺型 >> 腦內回憶起旋律、環境聲響，或覺得腦中有一句話，自帶音質。**

「我問牠想吃什麼，我突然想到飼料倒在碗裡的唰啦啦聲。」

「才剛想問牠罐頭怎麼樣，我就想起牠每次在我開罐頭時都會在我腳旁瘋狂朝我大叫的聲音。」

「我覺得牠想吃小魚乾，因為我一直覺得腦中有『小魚乾！小魚乾！小魚乾』這種振奮的語句。」

「才剛問牠想吃哪一個，腦中就突然有句話『不管哪個我都要吃喔』。」

「牠應該是想吃一條一條的鴨氣管，我一直覺得耳邊有牠在吃那個的聲音。」

**感覺型 >> 身體上的感受（冷、熱、餓）、口感、情緒（快樂、緊張等）。**

「我的嘴巴在問到乾飼料時有分泌唾液的感覺欸！」

「欸……我覺得牠想吃乾飼料。因為問牠乾飼料的時候我覺得好開心喔，心臟熱熱的，但問罐頭的時候就沒有感覺。」

「好像有吃肉燥飯的口感，有肉有米一粒粒有油脂香香的，那應該是罐頭的口感。」

「我覺得答案是乾飼料，因為嘴巴裡有吃多力多滋的脆脆感。」

「感覺肚子突然餓起來了……但我明明剛吃飽啊？」

**本我型》 當下立即性直覺，沒有依據。很需要自我信任。**
**通常都會搭配其他感官一起運作。**

「乾飼料吧。我覺得是乾飼料。」

「我覺得都不是欸，你會給牠吃雞胸肉嗎？為什麼這麼問？不知道，我就覺得牠想吃雞胸肉。」

「嗯我想牠現在不想回答，因為牠看起來不餓。」

以上是個別溝通模式在問問題中可能得到的回應方式與呈現，記得，四個溝通模式是可以併行運作的，所以也可能出現視覺型與感覺型共同協力的情況：「我想到牠在吃乾飼料的樣子時就覺得嘴巴裡都是口水，胸口感覺滿足」；或者聽覺型與本我型共同協力，如前面內容舉例過的自問自答便是這樣的運作呈現。

曾經有個學生跟我分享，他在學習動物溝通之前，曾有次在工作桌前工作，突然想到然後看了一眼他在桌下的狗狗，發現不知何時狗狗醒了，正在看他。於此同時，他突然意識到：窗外陽光燦爛，風光明媚，天氣好得不得了。他心念一動，看著狗狗問：「天氣很好，你是不是想出門散步？」

狗狗姿勢不變，但他看著狗狗的眼睛，覺得那雙眼睛變亮了，而且狗狗的尾巴開始輕微搖晃。他看著這些變化，回憶起這幾天連日下雨狗狗很鬱悶，他曾跟狗狗承諾過，「天氣變好了我們就出門散步」這件事。於是他起身，還沒說話，狗狗就猛然起身開始用力搖尾巴，接著直接衝去他放胸背帶等散步用具的地方，分毫不差。

他問我：「這就是動物溝通嗎？」

我肯定的回答他：「是的。這就是動物溝通。恭喜你，你的狗狗已經掌握到跟你對話的技巧了。」

真的，這就是所謂的，與動物進行非語言性的溝通。
簡單到彷彿像假的一樣讓人懷疑，可是，真的就是這麼簡單。

## 3 溝通模式會改變嗎？

人類的溝通模式是在生活過程中培養出來的優位順序，是自出生以來，在不斷的學習與調整中，所找尋到的最適合自己的與外界交流之方式，通常不太會改變，除非有重大變因，比如從亞洲國家移民至歐洲國家、家庭成員結構改變（離世或新生兒加入）、疾病疼痛等造成壓力的情況，才有機率改變。但在實務經驗運作與討論下，我發現溝通模式使用順序的確會視情況而有所更動。

如前所述，溝通模式有四種，依照每個人的偏好排列順序。前面兩種是我們的優先採用模式，兩者順序可能彼此會對調，比如視覺型→感覺型的順序對調為感覺型→視覺型的順序，是我們平常放鬆時優先使用的溝通模式，也是我們與動物溝通時最先接收到的感官訊息。後面兩種則是我們的備位模式，兩者順序一樣可能彼此對調，我也會暱稱它們是人類的省電溝通模式，因為這兩種模式會在我們身體疲憊、壓力大、無意識反應或是需要快速應對時（如在工作中），才被我們拿出使用。可以在此階段暫時把人腦理解成電腦CPU，當我們採用熟悉的兩種溝通模式時會需要大量記憶體來運行此程序，這會占用到CPU效能資源。當記憶體容量不夠，我們就能選用使用較少記憶體來運行的後兩種溝通模式，幫助我們更快速且有效率的執行工作。當我們在緊張或無意識時（比如無特定目的看了動物一眼或者隨口跟動物攀談時）練習動物溝通，會容易接受到此類的感官訊息。

以我來舉例，我的溝通模式是感覺型→聽覺型→本我型→視覺型，因此在日常與人或同住動物應對時，我會以對話方式居多，幾乎不太用眼睛，像是「你有看到我放在桌上的筆嗎？」、「外面宮廟放鞭炮好吵喔，你不覺得嗎？」、「你微波爐裡有熱食物嗎？它怎麼一直嗶嗶叫？」等，明明可以用眼睛看但還是會先用問的來得到答案（然後視覺型家人的就會很生氣「啊你問這麼多是不會自己找，自己用眼睛看喔！」），在整理家務上也不會常常整理得很整齊，除非是跟人同住或者有朋友要到訪，不希望聽到人說自己家裡很亂才會特地把環境整理好，不然一般來說就是維持自己的東西要找找得到的程度。

但是當我工作完回到家，我明明很累了，卻會突然很計較環境髒亂，「啊！天啊！我的衣服都亂丟！不行……要掛好……」衣櫥整理好後「天啊！地上有好多貓毛！不行……要掃一下……」，地上掃完後走到客廳發現客廳也是一團亂「啊啊啊～～～不行！好亂喔！我受不了！嗚嗚……」明明已經累到要吐了，卻還是要撐著一口氣把眼睛看到的不平衡的、雜亂的空間都整理歸納收拾好了，才會甘願去洗澡準備就寢。

還有一個聽朋友跟我說我才知道的小習慣：當我在思考、覺得焦慮或緊張、放空的時候，會無意識地把視線範圍內所有物品對齊。例如把A4紙收攏好後靠著桌沿貼齊，手機也拿起來依照A4紙張線條整齊放好，水壺放在桌角，旁邊要保持一點間距，最好跟A4紙張看起來有對齊，任何有邊有角的都會被我拿來對齊，沒有邊沒有角的一樣會被我拿來用我覺得看起來順眼的方式對齊，到最後就會呈現出一張非常整齊的桌面，可是整個過程我沒有意識到自己在做這件事，就只是覺得很順手的把這件事情做完。

有個認識的朋友她的優先採用模式是聽覺型與感覺型，備位模式是視覺型與本我型，她說有次跟朋友去KTV夜唱，唱到累了直接就在那邊睡覺，她問我為什麼她睡得著。我回答她，因為她的優先採用模式（聽覺型）已經因為疲憊而關閉了，備位模式（視覺型）代替運行，可是視覺型對環境中的聲響的敏感度沒有那麼高，對環境亮度的反應比較直接，所以當燈光昏暗、她可能又用外套蓋著臉睡覺，這樣的情況就會讓她可以在震耳欲聾的KTV環境中香香的睡覺。

有些視覺型的人在入睡時不一定要關燈才能睡，反而會對聲音特別敏感，一點聲響就會受到干擾，遇到找不到的低分貝環境噪音（如半夜有人用洗衣機、隔壁鄰居晚上在家打麻將等）會非常焦慮、需要耳塞才能入睡的人，在平常生活中的優先採用順序有高機率是視覺型的。相反的，需要昏暗燈光、全暗或戴眼罩才能入睡的人，在平常生活中的優先採用順序有高機率是聽覺型的。

## 4 中高齡以後的動物溝通模式之轉變

跟人類相比，在實務經驗上動物較無優先採用模式與備位模式的使用差異，牠們相對單純直接，唯一會導致溝通模式改變的原因只有疾病、疼痛等生理因素。

動物在中高齡（8至10歲）以後會開始面對生理上的退化。聽力受損、白內障等，動物的視覺與聽覺皆會因此而變得遲鈍，身體疼痛點增加、骨關節組織增生、更易因氣溫變化而有狀況的消化系統、退化的心肺功能等，讓動物會更常因身體感受做出相應反應，慢慢導致動物的溝通模式會漸漸調整為感覺型或本我型優先。

通常此階段的感覺型與本我型溝通模式呈現會比較負向，容易因壓力、敏感或疼痛產生轉移攻擊反應、對食物有強烈執著或是因疼痛拒絕進食、腦部退化產生的認知障礙，開始讓動物感到環境是不安全的且難以安眠。青壯年時期的動物若是將視覺型或聽覺型作為優先採用模式，在中高齡時期或疾病期可能會變得異常黏人或對於關注有更高需求，發展出異常行為的機會也會增加。

對此，家長可以為彼此的溝通模式互動做出適性調整，採用感覺型與本我型會偏好的方式與動物相處，比如增加動物的躲藏點與休息處、減少會造成動物壓力的變因（儘可能不要為中高齡犬貓再找一個活力四射的幼年動物同伴。畫面呈現就是一個莽撞衝動的青少年想要跟一個垂垂老矣、多走兩步就會腰痛的阿伯玩在一起，一天到晚飛撲或者碰撞，這對中高齡犬貓來說真的是要喊「求求菩薩保護我」）、以維持動物的情緒穩定為主，而非強硬管理（比如腎臟病犬貓需要多喝水，最好的做法是讓犬貓在輕鬆狀態下增加飲水量，或者讓牠們在皮下輸液時輕柔的觸摸安撫，而非直接把動物抓來用針筒灌水造成緊迫）、可以多鋪些毯子，甚至把帶有自身氣味的衣物也分享給動物讓牠們可以因此而安心，與動物的遊戲方式也能調整為較為溫和的方式，比如以往很愛散步，但因身體因素不能久走，那可以嘗試增加嗅覺遊戲玩具的使用，讓牠們用鼻子嗅聞尋找零食，並藉此得到成就感。「嗅聞」不僅可以協助活絡肌肉骨骼，還能讓大腦釋出能安撫情緒的腦內啡，幫助放鬆情緒，協助動物保持穩定平靜，也能刺激牠們的腦部發展，維持大腦認知不再退化。

雖然視覺與聽覺都會因年齡退化，但嗅覺與味覺這兩種與感覺型溝通模式息息相關的感官通常都能運作到最後一刻，因此盡可能的幫助動物從這個面向來增加牠們的穩定感。

我爸媽家有隻小狗在2020年經歷了小中風與急性前庭神經疾病，因為有第一時間就為牠安排治療所以恢復得不錯，不過我卻發現牠的個性從原本的穩定與樂意探索（原本是本我型與視覺型）變得易受驚嚇與內縮（感覺型），牠開始不願意去嘗試新事物。疾病在牠身上留下了些許衝擊，視力退化後連聽力也退化了……牠本狗是個心高氣焰的漢子，不喜歡自己這樣很弱的模樣，所以牠以不變應萬變，貫徹不做不錯的精神，直接連玩耍都放棄。

『我不要去做就不會挫折啊！』
（直接躺平的概念也是讓I服了U！）

小狗樂觀的讓人心疼。我們都知道這不代表牠就沒有遊戲的心情了，牠還是會看著我們手上的玩具有所期待，但當牠發現自己玩不來時就會轉身就走，在旁邊安靜看狗同伴奔跑玩耍。雖然牠面部沒有表情，但人類在一旁看著就忍不住會心疼。還好當年因朋友介紹認識了嗅覺遊戲的概念，買了他們家代理的嗅覺遊戲墊，好看又好玩，材質好，連狗狗都願意長時間把鼻子埋在裡面，增加穩定嗅聞的意願，玩起來更無負擔。它幾乎沒甚麼機關，零食灑上去手撥過去就不見了，難度變化多，可以很簡單也可以比較複雜，給高齡犬玩的話可以把部分零食藏在裡面，再將部分的零食鋪在表面，讓牠們可以很快找到零食建立自信心後，更願意接續著嗅聞探索。

這樣的玩具可以讓我家狗狗想起來，原來牠還有鼻子，鼻子是牠們最重要，也最難退化的器官：因為那是牠探索世界最重要的工具。透過嗅覺玩具，牠的自信心跟成就感慢慢長回來，尾巴不垂了，原本的積極探索的態度也恢復了，牠知道牠還是可以很棒、很好，這對維持牠的身心健康來說，功不可沒。

如果我們沒有因此改變溝通模式的運用，依然用以前的方式對待牠，我們可能無法看到這麼快樂的放鬆的牠，而會得到一隻憂鬱且內耗、甚至可能情況更糟的牠。因應動物的年齡與狀況，在觀察中逐步調整彼此的溝通模式，可以為雙方都帶來更好的相處生活品質。

# Part 3
# 該如何有效率的溝通

我該如何和你溝通呢?

上一個部份我們分享了關於人類與動物之間溝通模式的呈現與一些經驗分享，現在的你是否對你的寵物感覺有更新的認識了？

以目前階段來說，你應該已經掌握了幾個要點：

(1) 了解動物溝通的基本原理。

(2) 明白能量是怎麼運作的。

(3) 透過上一章節的說明，找到自己的溝通模式，並排出優位及備位順序。

(4) 透過上一部份的說明，找到自己家寵物的溝通模式，並知道牠們在生活中會有的呈現。

這四個要點會在之後的內容中不斷被提醒及複習，也希望你們在日常生活中可以反覆驗證與熟悉，這會幫助你跟你的寵物，在日常生活中過得更為和諧也更為快樂。

接下來我們就要透過更多的分享（大部分來自於我跟我家動物，部分來自於我跟我的個案間的溝通分享）來更釐清與了解溝通模式在各面向的呈現，比如「愛的方法」、「如何示愛」、「不開心要怎麼安撫」、「如果要協商可以怎麼進行」等等，用這些我在過往生活中所獲得的經驗，來為大家更清楚的說明，生活中的溝通模式運作樣貌。

溝通模式通常都不會是單純只有一個在運作，大部分時間會是多重運作，所以我會盡量挑選適合的個案來分享，並讓大家知道可以傳達的想法。

# 1 視覺型的表達大整理

## 行動派的愛，早也看你晚也看你隨時盯著你

視覺型的愛顧名思義，就是我們雙眼可直接見到的呈現：我愛你就是衝過去舔你的臉、把全身力氣壓在你身上、熱切地用眼神凝視你、殷勤地把頭跟身體往你的手掌裡塞，每一個舉手投足與眼神顧盼間都是愛愛愛我好愛愛愛愛你我超愛愛愛愛愛愛你，每個舉止裡都是大寫的我愛你。

這邊要注意的是，「吠叫」、「叫喚」也可以是視覺型表達的手段，當牠們發現透過製造聲響也能成功博得你的注意力與目光時，動物就會頻繁地以聲響來得到牠們想要的關注，儘管那會被責罵甚至被體罰造成肉體上的不適，但沒關係，你就是關注我了，我就是得到關注了，好快樂，我被愛了，好棒！

在溝通個案中非常容易察覺到寵物的溝通模式是視覺型，原因很簡單。『我要我媽媽可以一直把她的眼睛放在我身上』、『我想要你一直看我』、『我要你一直在我的眼睛裡』、『把你放在我的眼睛裡讓我覺得安全』、『整個家裡看不到你的身影我覺得世界要毀滅了』、『我不喜歡環境改變那變得陌生』……當我感受到動物傳來這些感受與訊息時，就能清楚了解，啊，這孩子是視覺型的。

牠們會在乎環境、在忽視線、行動明確、喜惡鮮明，甚至是四種溝通模式裡最清楚怎樣表達家長最能接受到的類型，比如肚子餓了會去撥碗、坐在碗架前、大吼大叫、翻垃圾桶、挖塑膠袋等，這些行為一發生，家長肯定會很快知道：「啊！我的寵物肚子餓了！趕快用吃的給牠。」

「要怎麼樣你們才會覺得我的心裡有你呢？」

『只要你的眼裡只有我。』

長子小貓咪回答的乾脆俐落，對我瞇了瞇眼。

『就像我的眼裡只有你一樣。』

長子的示愛是霸道總裁等級的直球

分享 2

在動物溝通中很常遇到家長問的問題第一名，首推「有沒有什麼想跟爸爸／媽媽說的？」。

那天溝通個案的狗狗很害羞、很內向，我原本以為牠應該也會比較少話，結果問牠「有沒有想跟媽媽說的話？」時，我感覺牠的眼睛亮了，像在黑色夜幕裡亮起的車頭燈。

『跟媽媽說……』

「嗯？」

『（氣音）我一直都看著她喔……』

我跟媽媽：「？？？」

狗狗繼續很小聲地說：『我好喜歡媽媽，我會一直看著媽媽的，媽媽會一直在我眼睛裡，我的眼睛不會錯過，會一直……一直……一直看著你……我會一直一直把眼睛放在你身上……一直讓你待在我的視線範圍裡……絕對不會讓妳離開我喲……』

『媽媽我很愛妳喔，我會一直……一直……一直看著你喔……』

我：「您女兒看起來只是少話，但原來內在有磅礡的愛意。」

媽媽：「我覺得有點可怕，原來我養的是魔神仔（môo-sîn-á）嗎？」

我本來想回覆「怎麼會有人這樣形容自己的小孩？！」但轉念想到我家視覺型次子表達愛的方式也是這個樣子，只好默默的同意對方：「……嗯，我家也有一個，我都說牠是恐怖情人……」

媽媽：「恐怖情人，這形容好貼切喔。」

視覺型的愛就是這樣直接，只好慶幸牠們只是動物不是人類，不然這樣的表達方式，躲在背後用狂熱的視線讓愛的人一覽無遺，真的很怕牠們被警察抓走。

就是要這樣全神貫注的凝視你，
代表我真的真的真的超級愛你！

分享
3

我家視覺型的次子有個奇妙趴姿，就是雙腳會像照片這樣交疊。

有一天我又看到，忍不住心血來潮問：

「心肝，你腳腳疊這樣有比較舒服嗎？」

『……』

次子瞇瞇眼，思考了一下。

『沒有比較舒服。』

「吭？！」

『就普通的感覺……』

「那為什麼媽媽常常看到你這樣疊腳腳？」

『因為……』牠頓了頓，又瞇瞇眼。

嘴巴嘟嘟的牠瞇起眼睛的表情真的很可愛，我忍不住去摸摸牠。

牠的眼睛直接瞇成一彎新月。

『媽媽也會疊腳腳。』

「……嗯？」

『疊起來，交叉，像這樣。我覺得那樣的媽媽很好看。』

『我喜歡媽媽好看的樣子。所以我也要跟媽媽一樣。』

『這樣，媽媽也會覺得我很好看～～』

相較於其他三種溝通模式，視覺型寵物行動上的表達是最好懂的。

喜歡就黏著，討厭就走掉，想跟你一樣就會模仿，想跟你在同一國的意圖昭然若揭。

分享 4

有一陣子我比較少拍長子的照片，因為那陣子高雄氣溫高高的，我在家的衣著涼涼的，牠又都幾乎在我身上黏緊緊的，自然就……沒有一張照片是可以見人的。

「寶貝，你會覺得我很少拍你嗎？」

『？那個有影響嗎？』

「這樣以後你的照片就變少了啊。」

『變少了，然後？』

「然後就會少看到你了啊～」

長子看了我一眼，一臉不予置評。

『從現在開始你的眼睛就只停在我身上啊，這有很難嗎？』

不難不難，不但不難，我還很樂意～（笑）

視覺型的小孩是會在乎鏡頭的，但牠們的在乎不代表會看著鏡頭，更多時候牠們會側身偏頭，那不是在閃鏡頭，純粹就是牠們覺得那個角度的自己更自然更好看。

連動物都會知道拍照裡的自然感，真不知道還有什麼是牠們不知道的。（咦？）

## 增溫小技巧

視覺型的孩子，要的很簡單：只要認真溫柔的看牠們的眼睛、用行動表示比如給零食、微笑、實際的陪伴等，盡量保持環境穩定，不要頻繁更動，牠們就會覺得安全。

視覺型的孩子，看著就是在說愛。因此常常回頭找找孩子，把眼睛放在牠身上，有時你或許會發現，牠們原來很常很常把眼睛放在你身上喲。

原來，牠們一直一直都在用眼睛說，我愛你。

## 我很想你，就要待在最快可以看到你的地方

視覺型小孩還有一個很可愛的表現，就是會「等門」。如果你家寵物會在你出門時在門口目送你離開，在你要回家時等在門口，讓你一開大門就可以看到牠在迎接你，那牠的優位順序一定就有視覺型。

次子總是會在門口目送我出門，當我回家時看著我推門走入，我問牠做這件事情的感覺，感覺到牠有種踏實的感受。

認真等門的次子，牠坐在門口跟窗戶的交叉位置，絕對不會漏掉媽媽回家的瞬間。

『我要確定你往哪個方向去，有沒有從那個方向回來。』

「所以如果我從大門出去，從窗戶回來，你就會嚇到嗎？」

『……？』

對於我的假設（我同時在腦內想像給牠看），次子頓了很久像是CPU轉不過來的電腦，遲遲沒有給我回覆。接著隔天我要出門時，看到牠反常的沒有來大門口給我送別，而是待在沙發上窩著，一臉堅定。

「心肝你怎麼了？怎麼不來門口送送我？」

『……這邊都看得到。』

「什麼？」

次子一臉堅毅果決，甚至有點大義凜然的神情。

『你從門口走或從窗戶那邊走，我都看得到！不會錯過！都可以看到你回家！』

「……」

……因為動物的本質不會說謊，所以牠們根本分不出來什麼是開玩笑什麼是講真的，諸位家長我這是錯誤示範，請不要學我。後來我花了很多時間把視覺型的次子哄好，讓牠理解我是開玩笑的，不然牠真的不會睡，會一下走去門口，一下走去窗戶盯著看，深怕把我錯過。

視覺型的孩子真的不能這樣子鬧牠，只有聽覺型的孩子反應比較快轉得過來。

幾年前有次租屋住到一個玻璃窗比較大的房間，有別於之前的超高樓層，新家的樓層更靠近地面一些，只要望向窗外，就能看見熙來攘往的車流與人潮。

『那些是什麼？』

長子趴在我為牠設置在玻璃窗的吊床上，看著外面的車水馬龍問。

我走過去一瞧，意外發現窗外旁邊經過的是我常走的街口，忍不住回：

「那條路是我出門常走的路喔。我出門，我回來，都會從那邊走。沒想到這裡竟然看的到。」

『！！』

長子的耳朵瞬間豎直。
我奇怪的看牠，納悶這孩子怎麼瞬間精神抖擻，

「怎麼了？」

『你出門，你離開，你都會從那邊走。』

覆誦著我的話，長子的臉像發現新大陸一樣，目光灼灼。

『所以只要我待在這，你出門，你離開，我都可以看到你，對嗎？』

看著你的背影離開，看著你的身影回來。
再也不用等待門外跫音。
唉呀。
意識到小貓咪的意思，我瞬間軟了心。

貼著窗戶往外看的長子

摸摸牠柔軟的毛皮，我不禁為牠的天真浪漫失笑：「你這樣會害媽媽騎車不專心喔。只要想到你就在這看著我離開的背影什麼的，想到就想立刻回家啊寶貝。這樣會害媽媽不能專心出門耶～這樣該怎麼辦呢？」

『不怎麼辦。』

兒子秒回，一臉理所當然，『立刻回家就好了。』

「可是媽媽出門要辦事情啊。」

『趕快辦完趕快回來啊。』

「……想到你會在那邊看我，看我騎走騎遠的樣子，哪個媽媽心這麼狠還出得了門啦？」

那種感覺都心疼到像被揉碎一樣，很毋甘欸！

『嗯姆。』

小貓咪想了想，勉強有了折衷的方案。

『……不然，我偷偷看妳？』

唉唷。

我怎麼可以有你這麼這麼萌的孩子啊～～看來只好少點出門了（欸？）

想到要出門，就會有小貓咪在窗口看，想到還沒回家，就會有小貓咪在窗口等，想到這些，還有誰可以出門出很久啦嗚嗚嗚嗚？

可偏偏這些孩子就是這麼認真，就是要待在會看到我們也能看到牠的地方。

分享 3

出門在外總會掛心家中寵物，深怕牠們在自己不在家時發生什麼意外，或者回到家時發現家裡一團混亂想抓犯人跟掌握犯罪事證（咦？），所以我除了咬牙多買幾個攝影機之外，還特地跟家裡小孩提醒要待在哪些地方才能被我看到。

長子沒問題很清楚，次子表示我記得的話就記，本我型跟感覺型優位的么妹反應最可愛，一聽到我的說明，立刻舉一反三：

『所以我們在其他地方媽媽看不到？』

「看不到啊！」

『所以我如果偷偷鑽到櫃子裡也不會發現？』

「應該不會……？」

『我在別的地方追哥哥鬧哥哥也不會發現？』

「……本來不會，但現在發現了。」

『啊！（摀嘴）』

總之么妹一方面把自己給賣了，一方面搞懂了那台機器是幹麼的。

然後，每次只要打開攝影機，除了會常駐在鏡頭前的長子以外，最常看到的一個畫面 — 就是總有個小女孩份外認真的盯著鏡頭看。

那天我心血來潮，忍不住問：

「妳為什麼都會盯著看？」

『因為我知道啊！』

「……什麼妳知道？」

『我知道，媽媽在那邊啊！』

看著女兒一臉認真，我不禁莞爾。

「那麼，知道媽媽在那邊，然後呢？」

『然後然後，』

女兒仰起小臉，聲音奶奶甜甜的：

『然後，就是跟媽媽說，媽媽快點回家，我想妳了。』

『我有乖乖，我沒有亂跑。我在這裡給妳看。』

『所以媽媽快回家。我想妳了。』

## 增溫小技巧

視覺型的孩子的安全感來自於眼睛看得到的視野，所以越固定、越穩定，牠們的安全感就會越高。如果可以的話，盡可能規律的安排自己出門的行動順序，讓視覺型孩子從你的行動中就能知道你接下來會做什麼事情，降低牠們的焦慮感。

視覺型孩子會尾隨人，因此如果不介意的話，也可以讓家裡的門都保持敞開的狀態（比如用洗手間或者洗澡時等）。

認真看鏡頭的么妹

## 我不開心，就要讓你看到我不開心

視覺型寵物在表達不開心時也蠻明顯的。

不少家長會有經驗是「覺得自己家的寵物有表情」，沒錯，有表情也是視覺型小孩的一個特色。

分享 1

我家長子雖然是聽覺型跟感覺型優位，但牠偶爾也會有視覺型的呈現。
有一次我買了新衣服給牠穿，穿上後很開心給牠拍好多照片後就認真後製照片跟分享給別人，長子一直在旁邊喵喵叫。

『漂亮嗎？』

「很漂亮啊～」

『很適合嗎？』

「超級適合的呀～～」

『可愛嗎？』

「當然可愛了啊！」

『最可愛嗎？』

「最可愛的寶貝就是你啦！」

『真的漂亮嗎？』

「當然漂亮了啊！」

『嗯……』

長子在我旁邊靜靜坐下，雙眼灼灼。
耳朵呈現開飛機的不悅狀態。

『……媽媽，你眼睛沒有看我。』

「咦。」

我一驚，把視線從手機螢幕移開，快速看著我兒子，

「眼睛沒看你，但心裡全是你啊～」

試圖息事寧人的顧左右而言他。

『可是你眼睛沒看我。』

長子又重複了一次。

這次我明顯感覺得出來，牠很不爽。

『你的眼睛沒有放在我身上，沒有看我，那怎麼知道我好看不好看、漂亮不漂亮？』

「……」

『媽媽我再問你一次。我這樣好看嗎？』

「……好看好看，太好看了，我們來拍照～～」

後來的我們就……一直拍照一直拍照，拍到長子心滿意足的走去牠睡覺的位置躺好，才放過我。

就算沒有表情，也會做出與平常迥異的行徑，比如說本來都會來撒嬌的變成不愛來撒嬌了，本來每天都會來叫人起床討飯的變成沒有這麼做了，在健康預警上，視覺型比其他三個類型的孩子好觀察得多。

任何的行為改變，都是重要指標。

「你要專心啊！不可以分心啊！！」
大吼表達，表情非常明顯的長子

分享 2

某一天貓次子一臉奧嘟嘟（àu-tū-tū）。整個嘟嘟嘴又癟下去。

我擔心的抱起牠，

「怎麼啦？」

次子不回答，癟著臉，完全不回答。

「你弟弟怎麼了？我又做了什麼？！」

我轉頭求助長子，長子在搖鍋裡閉著眼睛頭也不抬，

『我怎麼知道。』

「我有做什麼嗎？！」

『你做很多事情欸。』

「哪件事情讓你弟弟又悶了？！」

『我長得像牠嗎？你為什麼問我？』

「因為牠不說話啊！！」

『我不是牠，我怎麼知道牠在想什麼？』

這是貓咪與人類版本的「我非牠，安知牠為何不爽你」嗚嗚嗚嗚……

因為牠沉下臉的時間點剛好是我姊來我家後，所以我先把矛頭指向我姊，「一定是你進門時推門太大力把門板後的牠打歪，所以牠在生氣！」

「蛤，是喔！」

我姊瞪大眼開始迭聲道歉，

「心肝啊啊～～對不起啦！阿姨不知道你在門後啊！阿姨對不起你啦～～」

『……』

心肝面色稍霽，但依舊不爽。

好，所以不是阿姨的問題（？）果然還是我怎麼了嗎？但我真的不知道啊？我做了什麼嗎？我做了什麼啦？？

絞盡腦汁還是不知道自己錯在哪，我抱著次子邊哄，一直哄，哄給外人看（？）表示我有在哄你喔！你看我在哄你喔，然後就在我哄到快懷疑人生時，次子終於悶悶不樂的飄出三個字。

『你沒說。』

「吭？」

『……你沒有說。』

「吭？？什麼沒有說？什麼？？」

『……』

腦海中突然閃過一段過程。

睡到一半突然驚覺開關大門的聲響，次子在睡夢中驚醒，赫然發現看不到我在哪，沒聽到我的聲音。

我不見了。

沒有跟牠說要去哪。

突然不見了。

牠緊張的起身快步走去門口，突然「砰」大門推開用力撞歪牠，我跟我姊快速走進來瞥牠一眼倉促的各自去忙，牠愣愣看著我們，然後，就，突然一陣氣悶。

我摸摸牠，看牠一張臉更癟。

「……我出門沒跟你說，就這個？」

『嗯(´・_・`)。』

「因為我沒跟你說我去哪？」

『(´・_・`)。』

「你找不到我你嚇到了？」

『(´・_・`)。』

「……就這個？」

『(´・_・`)。』

我深呼吸一口氣。

心肝在我懷裡悶悶不樂。

「……心肝，媽媽只是下樓，到樓下就回來了。就只是這樣。」

『(´・_・`)。』

「……」

『(´・_・`)。』

「………」

『(´・_・`)。』

我再，深呼吸一口氣。
直接選擇放棄解釋。

「……好，我知道了。我錯了。我不該不跟你說。我之後都會記得跟你報備，出門一下下也要跟你說，總之就是要讓你知道我會回來，不會消失。嗯?」

『……嗯(o・ω・o)。』

「去哪都跟你說。」

『嗯(o・ω・o)！』

心肝在懷裡不臭臉了。
瞇著眼放鬆靠在我胸口。

我一邊摸，忍不住有感而發。

「心肝啊。」

『(o・ω・o)？』

「還好你是貓。」

『(o・ω・o)？？』

「不然你真的會是恐怖情人欸。」

『(o・ω・o)？？？』

「……算了，沒事，你就只是隻小卯咪啊～帥氣可愛的小卯咪啊～～」

『(o・ω・o)』

這到底誰看不出來，牠們在不開心呢？

分享 3

2022年3月，次子有過一次蠻嚴重的胰臟炎，但我一直找不到原因在哪，直到某天學生練習時，一個因緣俱足，居然讓次子有機會表達表達，然後答案就出來了。

因為這些問題我都有問過並知道答案，所以都是讓學生再從第三方角度來問孩子而已，果然問到「是不是外面陽台的那隻貓咪被你看到了你覺得很緊張？」，次子很冷漠的回答『你都已經決定了還跟我說什麼』。

我立刻知道發生了什麼事。

「你正面看到那隻貓了對不對？」

『嗯。（不爽）』

「你覺得媽媽要讓牠進來？」

『（不爽）』

「媽媽現在透過姊姊正式跟你宣告，這個家只會有你們三個，你感覺如何？」

『！好耶(((o(*ﾟ▽ﾟ*)o)))』

次子快樂的開小花。我好無力。

「我之前一直跟你說，你都不信？」

『……我覺得你只是敷衍我。』

幹！我真的要哭出來。

難怪那隻外面白底虎斑會突然造訪頻率大增，敢情牠也覺得自己會進屋只是在想怎麼沒有入口??

沒有！沒有！沒有！！

讓你有這樣的誤會我對不起你！！

（無助大哭的我）

後來聊了很多，總之答應了次子一些事情，包含每天要拍照片跟全世界說我好愛牠。

「我也會愛哥哥跟妹妹，你要知道。」

『反正，我只會看你。其他貓我不在乎。』

『先說愛我，就可以(´･ω･`)』

「好，愛，我愛你，所以請你好好的，跟我一起久久的，愛你～～」

## 增溫小技巧

視覺型的孩子的不開心最快可以掌握，只要覺得怪怪的、覺得不對勁，不要想說會不會是自己誤會了，趕快先安撫先摸摸抱抱或者先給零食等具體表達好感的行為，當然也不要忘記疾病的可能性。

如果家裡毛孩是視覺型，可以跟牠們約好一個明確的、少見且特殊的行為，比如感覺到身體怪怪時，「躲在沙發下」、「藏起來不給我看到」、「一直嚎叫」、「一直嘔吐」等等（不要約說什麼跳火圈或者倒立這真的太為難孩子了吧！），這些明確的行為改變，真的可以協助我們提早察覺到孩子的身體異常。

## 想要我懂的話，就直接表現給我看

視覺型的孩子如前所述，會需要明確的表示或者行動表現，所以不是那種講一講就可以理解的個性，通常需要家長也真的身體力行的展現，視覺型才會真的能感受到家長的心意。

舉凡對牠表達愛、讓牠知道我們希望牠可以安心、讓寵物知道我們的一些調整跟改變，都可以用明確行動來展現，這部分我通常建議可以涉獵有關動物行為學相關的書籍，避免人類跟動物之間的認知錯誤，反倒造成雙方的誤會。

在溝通個案中很常發生的誤會比如家長跟孩子說：「你不可以挑食啊！挑食會生病！會死掉掉！」動物百分之百的回覆是：『不會啦！你看我之前沒有吃很飽，但是我也沒有死掉啊（語調爽朗）！』因為動物無法像人類一樣有完整的邏輯推演能力，牠們活在當下，沒辦法像人類一樣透過知識與想像來理解（動物透過親身經歷來學習，只有人類可以透過預設想像與借位思考來學習），牠現在的行為會造成什麼後果，除非牠有過經驗，不然對於所有的未知性，動物、尤其是視覺型的動物，真的會無法理解。

幾年前我有開過幾場以溝通模式為主的小講座，其中有位與會者（以下化名為A小姐）的分享讓我非常印象深刻。

分享 1

透過講座上分享的幾個指標與描述，A小姐很快的判讀出他們家的貓咪是視覺型與感覺型優位順序的毛孩。當我提及到視覺型的眼見為憑習慣時，她立刻想到一件事：因為他們家貓咪的年齡比較年長，他們總是擔心貓咪的飲水量不足，會苦口婆心且耳提面命的要貓咪去喝水，不然會生病、會腎臟發炎、會尿不出來，但是貓咪總是置若罔聞，沒有搭理，結果有天剛好遇到天氣變化等壓力值比較高的狀況，牠就因為尿不出來而住院了。

A小姐一家人非常傷心，全家出動去醫院探視貓咪，媽媽跟A小姐圍在住院部籠舍前哭得很難過，一邊哭一直摸牠捨不得的說：「貓貓你看我們就說了你水要喝多啊！醫生說你水喝太少了，你看，唉唷！那麼多管線嚇死我們了，你也很害怕很緊張吧，你看吧就說要多喝水吧！你看吧！」，爸爸跟哥哥也在後面一臉肅穆悲愴。

A小姐說她一直沒有忘記，當時面對這龐大的陣仗，籠內的貓咪一臉震驚跟慌張，她說她看著貓咪的表情還感覺到貓咪很不好意思，就是那種「我也不知道會這麼嚴重，唉呀！你們不要哭了不要難受！」那樣的氛圍，但她以為自己當下只是因為太傷心的腦補。

後來貓咪出院了，家人們察覺到一個改變：那隻貓咪開始會主動跑去喝水給他們看了。

如果剛好貓咪在睡覺，家人經過時突然想到憂心忡忡對牠說：「寶貝啊！我今天還沒看到你喝水，你喝水了嗎？你還記得你在醫院的樣子嗎？好可怕喔！我們不要去醫院了，你要健康啊要喝水啊~」把水拿去貓咪嘴邊，貓咪也會勉為其難的舔幾下，或者乾脆自己起身移動到別的水碗慢慢喝水，喝完會盯著他們幾秒，再一臉「好了，我有交代了」般回去睡覺。

用較人類的話來說，應該就是不見棺材不掉淚吧。

**分享 2**

我們家次子通常來說沒什麼積極性，偶爾會突然想要討摸討關注，這種時候如果沒有滿足牠，牠的積極性就會莫名其妙長出來，甚至長到有點病嬌的程度。

要避免牠這樣最好的方法，就是無時無刻的積極騷擾牠，一直摸牠、一直親牠、一直啾啾牠，牠覺得『哎呀！夠了夠了！』的同時，牠心滿足了，就也安然了。

「我一直摸你親你很煩嗎？」

『嗯。有點太多了。』

「那我不摸你不親你可以嗎？」

『不可以(´・_・`)。』

「所以就算你很煩也要我繼續？」

『對。繼續。』

次子很肯定，看著我的眼睛亮亮的。

『很煩，很多，可是，我很愛。』

越明確的行動，越能明確表達要給牠們的心意。

有騷擾、有摸摸，就心情很好的次子

分享 3

幾年前次子胰臟炎時有去醫院住院吊點滴過三天，但牠的心情就一直都是肉眼可見的不錯。

牠心情不錯，就會反應在牠的食慾上面。牠住院時只要去探視，醫生跟護理師都會跟我說：「牠食慾很好喔～一直找吃的～然後把水打翻了～～」「我們給別籠貓咪放飯，牠也很激動～」

只要有湯匙敲鐵碗的聲音，次子就會是期待的表情。

『給我的嗎？給我的嗎？？』

「心肝你18:00吃了一罐80g，剛剛19:45也吃了一罐80g，接下來要等3個小時了啦。」

『(´・_・`)。』

「要少量多餐啊。」

『我趕快吃，吃很多，就可以回家啊( ∵ω∵ )』

「要看肚子受不受得住啊。」

『( ∵ω∵ )……？不懂。』

我嘆氣。

「總之，我們等醫生。他說可以出院，我馬上衝來帶你回家。」

『那現在他在哪？叫他來說啊(o・ω・o)』

「他剛跟我說了，今天不行，要再兩個太陽。」

『(´・_・`)。』

心肝懊嘟嘟。

「你進步很多很多啦，真的我保證，一說可以，我們就回家。」

『(´・_・`)……你要走了？』

「沒有，醫生還沒來，我聽他說你的狀況再走。」

『那可以叫他不要來嗎(o・ω・o)？』

「……他不來你也不能出院啊。」

『(´・_・`)。』

嗯，看來真的好多了，可以應喙應舌（in tshui in tsih）了，都有精神了呢，真是太好了……

『媽媽！！』

「嗯？」

心肝突然精神抖擻。

『我有感覺你愛我了！！』

「？怎麼說。」

『那麼遠。我跟你那麼遠！但你來了～～』

心肝眼睛冒愛心，很快樂，『你累累的，但是你來了，你摸摸好多！我快樂！其他貓咪都在等。可是你一直出現！你出現我有肉吃！真好！！』

「……」

『你有愛我～有愛我～～真好～～』

「………」

---

感覺型跟視覺型優位的孩子對愛的感受……有時實在有點超出人類可預想的範圍呢……

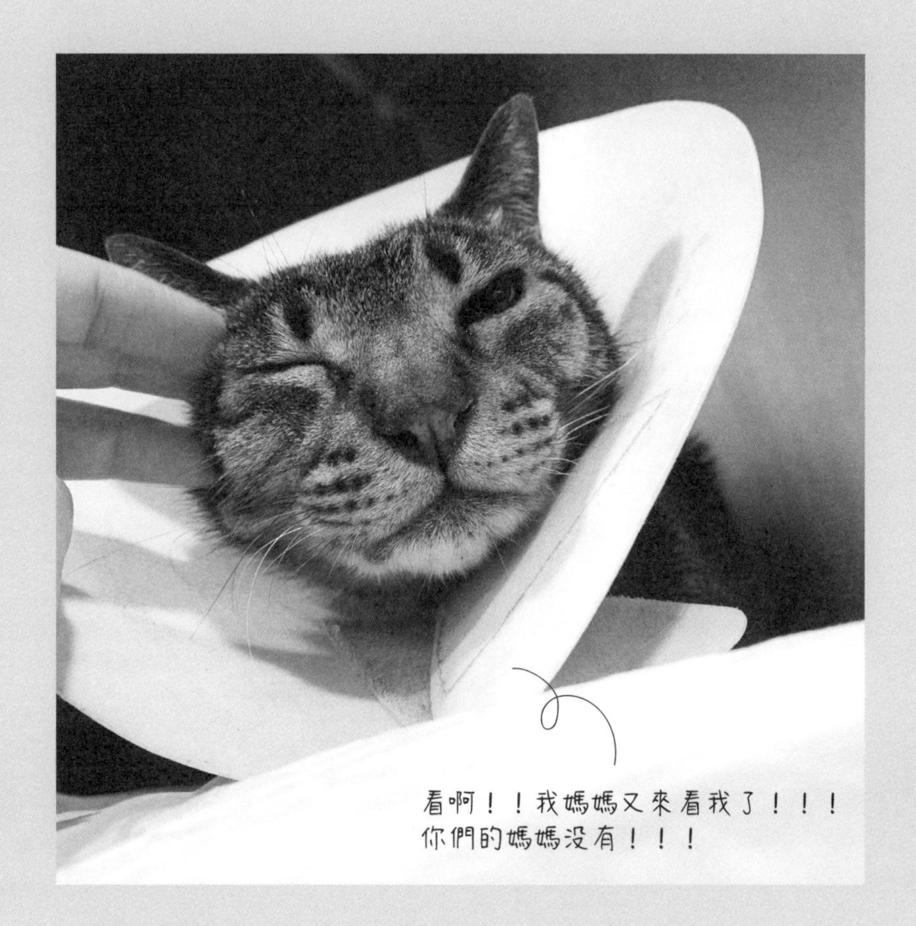


## 增溫小技巧

想要讓視覺型的孩子知道「好」跟「不好」只用聲音是不夠的，還要搭配表情跟行動，比如動物做了件我們不希望牠持續的事情時（比如玩耍時啃咬人的手腳），不能只有厲聲喝斥「不可以！」而需要立刻起身走開，冷處理至少3秒鐘，讓視覺型動物明確看到我們的行動。

反之，如果你嘴中說著「不可以！」但沒有離開，手還繼續在跟動物互動，視覺型動物就只會覺得你口中的不可以只是種玩耍間的呼喊聲而沒有別的意思，肯定不會因此學習到不能咬人的手腳這件事情。

## 視覺型的小故事合輯

這邊為大家獻上一些視覺型的小故事合輯，讓大家體會一下視覺型優位的日常生活。

**故事 1**

媽媽：「為什麼你有時候只會聞一聞不吃罐頭?」
貓咪：『因為有水光啊。』
我：「嗯？？？」

小貓咪一臉慢條斯理，理所當然。

『我走過去看一圈，發現有水光，我就不會吃了。』
我：「……」

『我等別的貓來吃，沒有水光，我就可以吃了~』
媽媽：「……對，牠真的是這樣，有水光……就……等別人把水喝掉…但我希望牠喝水啊啊啊……」
我：「……媽媽，我們水加少一點點試試看!」
媽媽：『（哭）我就希望牠多喝水啊！！』

**故事 2**

貓咪：『我應該是世界的中心吧！』
我：「？什麼意思？」

貓咪：『因為我根本不用動，趴在那邊，他們就會一直在我身邊圍繞，一直把眼睛放在我身上啊！幫我把飯用好，過來找我摸摸等等，我都不用自己來～我一定是世界的中心！』

媽媽：「（笑出來）是沒錯啦，因為我們全家人都很愛牠，所以就會忍不住一直想去找牠嘛～～」

**故事 3**

媽媽：「為什麼寶貝在我洗澡都要在門口呢？」

貓咪：『因為因為！媽媽出來的時候！！整個人都亮晶晶的啊～～～（大冒愛心～～～）』

媽媽：「哇，難怪牠只有我洗澡後會來蹭……呃等等，牠直接給妳看我洗澡後跨出來的畫面嗎？！（後知後覺）」

我：「……牠本來要給我看，被我擋回去了……」

媽媽：「啊啊啊啊啊！夭壽（iáu-siū）！！囧」

故事 4

我：「媽媽最近要搬家，有希望媽媽把什麼東西帶去新家嗎？」

貓咪：『可以把整個房間搬去嗎？』

媽媽：「……呃，可能不行，能小一點嗎？床可能也不能搬喔～」

貓咪：『什麼！？床不帶去嗎？！？』

貓咪很喜歡那張床，常常躺在床上睡覺，覺得那張床就是牠的地盤。

對於搬家不把床帶走這件事情，貓咪表示難以接受。

貓咪：『真的不能搬床？』

媽媽：「那太大了，真的不能……」

貓咪：『這床很好睡喔！（力薦）』

媽媽：「真的不行啦！！（笑出來）」

故事 5

媽媽：「窗簾飄來飄去的時候會覺得很好玩？還是妹妹躲在裡面的時候很好玩？」

貓咪：『飄來飄去？還好耶，但是妹妹在裡面就很好玩了！妹妹都會躲貓貓在裡面以為我不知道，妹妹好可愛喔！』

媽媽：「哈哈哈哈哈～妹妹有的時候尾巴忘了收啊！」

我：「牠給我看妹妹被抓到，傻傻的說你怎麼會知道！牠就很得意，說妹妹很可愛吧！（一直強調）」

貓咪：『妹妹好～可愛，怎麼可以這麼可愛？我要保護她一輩子』

媽媽：「而且現在妹妹吃得好快，也喜歡跟哥哥一起吃，或是搶？寶貝都會讓牠。」

貓咪：『都給妹妹，都給！！快快長大當我新娘！』

媽媽：「……牠是妹控吧？」

我：「牠已經是妹控了。」

媽媽：「我無法跟妹控說服什麼的……」

故事
6

爸爸：「我想知道牠對我的想法。」

巴西龜：『對我來說，爸爸就像太陽，總是閃爍著和煦的光。我喜歡在沙發下靜靜看著爸爸的光，很溫暖，很舒適。我也會給予爸爸我的愛，因為我發現，藉由給予，我可以收到爸爸更燦爛的光。這是非常好的循環，有施有受，才會平衡。』

爸爸：「天啊！也太貼心了嗚嗚……但是……」

我：「但是？」

爸爸：「牠真的不是因為我是禿頭才覺得我像太陽嗎?」

我「……」

我覺得應該不是啦……應該不是啦！
（但我把這個案放在視覺型分享）
（是否不言自明了些什麼？）

**故事 7** 2022年5月長子去動手術時，視覺型次子前後的不同表現。

我們家的貓咪都有固定睡覺的位置：長子睡我右側枕頭旁，次子睡我左側枕頭旁，么妹在客廳跳台高處，么弟在牠自己的小房間。

但在手術前兩天，我觀察到長子不睡牠的位置了：取而代之的是，次子會跑去睡牠的位置。
我原本以為是次子把長子擠走之類的，但是協調了幾次長子不睡就是不睡，不然就是我睡著時牠還在，我醒來那邊就變成睡次子，我很困惑但當時的我沒有心思想太多，因為接下來要帶牠去醫院做手術了。

帶去做手術後那一天驚滔駭浪的，我的心情也跟著跌宕起伏，次子一直陪在我旁邊，寸步不離。
當天晚上，我躺在床上看著次子又跑到長子的睡墊上趴下時，我突然意識到了什麼。

「心肝。」
『(:ω:)?』
「哥哥是不是有交代你任務？」
『有啊(:ω:)！』
「所以是哥哥叫你到這裡睡覺的？」
『對啊(:ω:)！』

認真體貼的小心肝

次子挪個姿勢，把牠的嘟嘟嘴正對著我。

『媽媽心情不好，難過，就看我。你看到這邊空空的，會難過，沒關係。我在這裡，這裡不是空空的，我在這裡喔，哥哥有交代啊，不能讓媽媽感覺到空空的~』

「也是哥哥交代你要一直跟著媽媽嗎？」

『沒有。』

「是你自己決定的？」

『對啊（·ω·）！』

「為什麼？」

我腦中浮現一個畫面，時間點不詳，但感覺是我，一副很難過的樣子。
那個我對當時在身旁的牠說，心肝啊，只要你在我旁邊，難過的時刻好像就過去得特別快。

『所以我要在。我要在你旁邊。』

『難過的時刻可以快點過去。』

『你會把我抱起來親親，會笑。』

『我喜歡看你笑~』

故事 8

而在長子手術回來後，我馬上就發現次子的行動不太一樣。

「心肝。」

『(o・ω・o)？』

「怎麼哥哥出院後，你就一直要盯著哥哥？」

『(o・ω・o)……』

「也會突然一直盯著我。你這樣做的時候，感覺如何？」

『(o・ω・o)………』

腦海中突然出現一個畫面：原本長子在視野中，突然牠不見了，在房子的各個角落都看不到長子的身影。

接下來的畫面是之前牠胰臟炎那段時間時我就看過的畫面：牠聽到開關門聲驚醒，赫然發現椅子上原本安在的我不見了。

兩個畫面的共通性是，本來在的存在，不見了。

那畫面傳遞出害怕與慌張的氛圍。

『一直看著，就不會用丟了。』

次子很認真，堅持的守在哥哥跟我的附近。

『眼睛瞇著一下下，有聲音就趕快睜開眼看，你不見了就趕快跟著腳步聲去找。一直看著一直守著，就不會甩丟了。就都會在一起了。』

『……就不會剩下我自己了。』

感覺著牠的回答，我心裡疼了一下。

彎下腰我把牠抱上腿，親親牠的頭頂。

「我愛你、我愛你、我愛你、我愛你、我愛你～」

我一遍又一遍的跟牠說，每說一句就親一下，看著牠的表情從原本的有點緊繃，慢慢融化成舒服瞇眼的嘟嘟嘴。

當孩子在情緒中時，接住牠們就好了。

不用太多的說明，牠們沒有那麼理性的思考邏輯，用愛用滿滿的愛安撫牠們，是最好的方法。

感覺次子的心情好很多後，我又親親牠，慢慢說，

「心肝真棒。把我們保護的好好噢！」

『嗯嗯嗯！』

被讚美使次子非常愉悅，『我保護你們！我是男子漢！我很棒（'ω'）！！』

「這麼棒的心肝，媽媽也會保護你～」

『我也保護你（'ω'）！』

「你連哥哥都保護，真是帥極了！」

『我帥極了（•ω•）！』

「那弟弟妹妹呢？也保護嗎？」

『牠們——』

心肝停頓一下，一臉疑惑，又一臉堅定。

『牠們可以把自己照顧好，不用我保護！』

「……好、好噢～」

後來花點時間請牠慢慢放鬆後，次子就可以安穩睡覺不一直盯著我們了。

視覺型的愛，就是這麼帥的啦！

故事 9

還有一個曾經在我家發生過的事情：那時我家只有三貓，外加一個朋友家的寄養貓貓（也是虎斑貓，我都說牠是表弟），跟我家三貓維持一種不熱情也不疏離的互動距離。有天洗完澡突然發現家中四虎斑居然在浴室門口集結，好奇之餘忍不住隨口問：「你們在幹嘛？」

結果一回答就讓我後悔問了。

表弟：『看你洗澡！』
么妹：『牠很奇怪！牠說牠沒看過！！』
長子：『牠真得很奇怪，有什麼沒看過的。』
次子：『媽媽，廚房裡面蟑螂都不出來（落寞）』
我：「……」

（當下的我決定忽略次子的驚人之語，不然還能怎麼辦？放火燒廚房嗎？）

因為一個人住慣了，加上可以隨時關注四貓狀況，所以有時候我會忘記關門洗澡。我還想說表弟今天居然沒有去鬧表哥、表妹，直接趴在浴室門口正對面在那邊瞇眼睛（？）敢情你是當搖滾區看LIVE秀了！

氣極反笑後就覺得算了，反正貓咪不會說出去，我也不會讓牠們有機會說，就乾脆閒聊起來：「所以表弟你有什麼感想嗎？」

表弟很認真的想了一下，認真回答。

『我媽媽的比較好看。』
「…………」

我還真是謝謝你為人老實不講違心之論啊……

照片攝於2018年，左上角是浴室出入口，從上到下依序：表弟、么妹、長子、次子，那時還沒有么弟。

故事 10

之前租屋處在整理和室椅要出清時，把它們疊成一座危樓，接著勇敢的表弟就去征服它了。

第一次，摔下來，沒關係；
第二次，角度不好上不去，沒關係；
第三次，終於在天時地利人和之助下成功了，表弟覺得爽，表弟嗷嗷大叫數聲吸引大家圍觀，然後以一個「我怎麼那麼棒棒」的表情，躺好躺滿。我在旁邊一直笑。

表弟真的是越挫越勇的好貓代表欸，看到大家都圍觀牠，牠就更得意了！

一臉很得意的表弟

## 2 聽覺型的表達大整理

###  嘰哩呱啦的愛，只有你才能聽見的聲音

跟視覺型比起來，聽覺型的愛就吵多了：牠們有各種各樣的聲響，會因應不同的情景而變化，甚至會發展出特定的音頻表現，讓家長一聽就知道牠們有什麼要求。

我家貓長子跟么弟是聽覺型優位，長子會有生氣的聲音、撒嬌的聲音、討摸的聲音、呼喚的聲音、準備嘔吐的聲音（感恩天地我最感恩這個聲音，不管多遠聽到我就會衝過去等著接牠的嘔吐物）、便秘的聲音、肚子痛的聲音、滿足的聲音……長子有很多很多聲音，多到不會動物溝通的朋友來我家，都能透過牠的聲音表達準確猜到牠現在想幹麼想做什麼，聲控人的技巧非常嫻熟。

聽覺型的人類有時習慣用音樂或聲效來表達自己的情緒或者狀態，在照顧寵物時也會比較習慣有音樂做搭配，比如會對寵物哼唱《寶貝》、《愛你》、《歡迎來到我身邊》等等歌曲，我自然也有幾首專門唱給我家貓孩子的情歌，其中尤其以長子跟么弟的情歌最多。

長子的情歌都是改編居多，其中我最喜歡對牠唱的，是把好樂團的《我把我的青春給你》改編成適合我與牠之間的版本。

『我把我的青春給你，
不是因為與你承諾過的而已，
而是單純在最美好的年華，
遇見了你，必須愛你。
我把我的青春給你，
不是因為想換取負責的美名，
而是單純在最美好的年華，
遇見了你，必須愛你……
這是一場倒數計時的愛情，
屬於你和我的愛情。
這是一場跨越時間的愛情，
屬於貓咪與人類的愛情……』

曾經有一次長子來撒嬌，我對牠改唱好樂團的《我把我的青春給你》，唱到「我把我的青春給你」這句時，長子抬頭帶著一點睡眼惺忪，輕聲道：

『好啊。我的也給妳。』

那個瞬間，我唱不下去，只能摸摸牠的頭以平復胸口翻湧而起的情緒。

那個瞬間，我突然意識到：對喔。
牠已經把牠的青春給我了。

就一隻貓咪來說，牠的生命有很多因我而起的波折：
先是在我身邊一年、在外面租屋給牠獨居半年（還遇上莫拉克颱風八八風災，在空無一人的雅房裡高踞衣櫃，上演汪洋中的一隻貓）、接著去了我前男友家幾年，最後才終於回到我身邊，跟著我從台北下來高雄，生活至今。
從4個月大，我帶牠回家那刻起，直到牠現在10幾歲了，牠把牠所有最好的時光都給了我。
所有最活潑的、最搗蛋的、最無厘頭的，全部都給我。
思及此，萬般情緒湧上，難以消化。

「……你已經給我了。」

摸摸牠的頭，摸摸牠柔軟溫暖的身體與毛髮，我輕聲道。
跟以前比，牠跳得少了、跑得少了、吃得少了、睡得多了、也趴著多了。
有段時間還因為跑跳著地不穩，前腳微跛，恢復得慢了。
雖然如此，但牠依然很有精神的過每一天。

牠看著我揚起小小頭顱，我低下頭靠近牠，讓牠蹭上我的額際。
低聲的，牠發出只有跟我在一起時，才會有的小聲的奶音的嗯嗯喵叫聲。
這是我們之間的心照不宣的小小默契。

聽覺型的孩子，在乎的就是你的聲音、你的話語，還有空間中的聲響。

所以請常常對牠們說話，講幹話也可以什麼都可以，天南地北的聊，雖然牠可能會閉著眼睛彷彿在睡覺，但我遇過很多聽覺型的寵物跟我說牠們睡覺是因為「聽著爸爸媽媽講話的聲音覺得很安心」，因此不代表牠們在睡覺就是覺得無聊喔！

另外可以的話，請盡可能在孩子出聲時給予回應，不認真回也沒關係，牠們要的就是那個家長特地給予牠的回應。

對牠唱歌，對牠說話，因為聽覺型的孩子也是這樣，用牠們的聲音在表達自己的愛。

## 我很想你，希望我的聲音能傳遞給你

當我出遠門時，都會請到府貓褓姆或者朋友來家裡照顧我家貓貓。針對我家貓貓有沒有表現出想我這件事情，他們都會不約而同的跟我說，就算他們不會動物溝通，也可以感覺到我家長子很想念我，很掛念我。

聽覺型的長子有個獨特的想念我的聲音，牠會在空曠的地方「嗷噢嗚」低頻率的一直大喊一直大喊。有幾次我在房間牠在客廳，我聽到牠在客廳這樣大喊，就開門問牠：

「寶貝，怎麼了？我在這裡啊？」

『來找我！來找我！來找我！』

長子頻繁的大叫，咚咚跑過來門口看我，轉頭衝回客廳又開始大叫「嗷噢嗚」。

『來陪我、來找我，這裡你不在，你不在，你不在，快聽到我的聲音，快來找我。』

「可是我想在房間吹冷氣啊。」

『來找我！來找我！來找我啦！』

「吼唷，好啦。」

我打開門走出去，牠看到我走出門就轉身跳到跳台上，等我直直走到沙發上躺好落坐，就用跟剛剛迥然不同，撒嬌般「咪喲嗚」的聲音小跳步靠近，躍上沙發，一路踩上我的肚子，在我胸口穩穩趴好，發出快樂的呼嚕嚕聲。

『媽媽，媽媽，媽媽。』

「嗯，在這，這樣可以嗎？」

『好高興，好高興喔，你來找我了。』

「你這樣急切地找我我當然要來找你啊，我怎麼可能不回應你？」

『可是有時候，你沒有回應我。』

腦中閃過一個畫面。畫面是牠在窗戶黏貼的吸盤跳台上，對著窗外一直大聲的「嗷嗅嗚」、「嗷嗅嗚」。整個客廳都迴盪著牠的叫聲，牠卻一直等不到我的聲音出現，等不到我的聲音回應牠。

那時的牠就會安靜下來，很安靜的在跳台上趴下。

牠會有點寂寞的看著窗外的風景。

『我希望你可以隨時都回應我的呼喚。』

「那時候我出門了啊，我不在家，我沒有聽到啊寶貝。」

『我知道，所以我會喊的很大聲、更大聲，只要你聽到，我知道你就會趕快趕快的跑過來找我。』

我很想你，所以我會大聲的告訴你，我真的好想你，好想見你。

因為我知道你會馬上回應我，只要你回應我，我就會覺得安全了喲。

吵著要我回應吵了好一陣子後，
終於心滿意足躺下來窩著睡覺的長子

聽覺型的孩子，會透過大聲呼喚召喚牠的照顧者家長，有時也沒有特別的目的，就是純粹想透過這樣的表達，來獲得家長的關注。

跟視覺型不同的是，視覺型會需要真的看到家長出現在眼前才覺得被安撫，但聽覺型其實可以透過被回應就感覺到被安撫，不一定要家長真的整個人出現，只要有聲音回應牠。

如果你的孩子是聽覺型，請不要吝嗇，大方的跟牠回應吧！

牠會非常高興的～

## 我不開心，就要吵死你吵死你

視覺型的表達是透過表情與行為，聽覺型的表達就是透過聲音。當牠們需要被關注，需要紓壓、需要壓力釋放，就會用聲音大聲的釋放出來。在動物溝通中的呈現就會是，一直覺得腦中有句子像跑馬燈一樣的跑出來跑出來跑出來，問一句答三句，甚至本來是腦中什麼也沒想，就突然像有插播一樣冒出來句子跟畫面。

一般來說最常出現的狀況是，孩子想跟你撒嬌但你在忙，或者你在回家的路上牠催促你回家。

分享 1

『人呢？人呢？』

「寶貝，我還在路上呢。」

『你說太陽出來後，你就會回來，』

抱怨的聲音裡含著期待，『你在哪？在哪？』

我忍不住笑出來，「我在你心裡啊！」

『我知道啊，可是不一樣。』

小孩微微噘嘴，『我想要抱抱了。你在哪？』

「在路上。回家路上。」

『好。我等你回來。』

「好。我答應你：不管任何事，只要我答應了，就一定做到。你還是要乖乖把早餐吃完喔。」

『嗯姆。好啦。』

長子皺皺鼻，又一次強調：

『早點回來，我等你回家。』

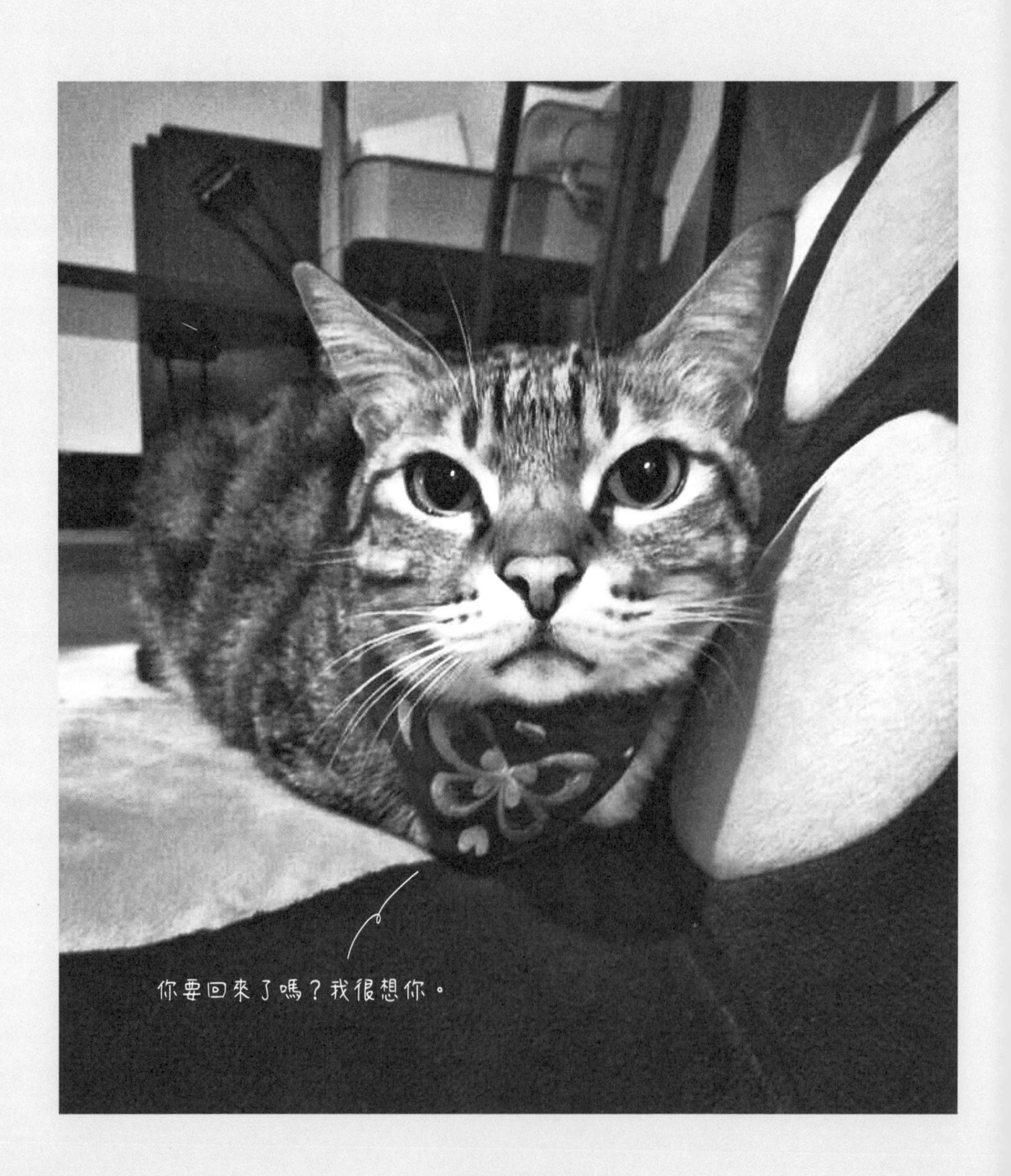
你要回來了嗎？我很想你。

分享
2

2022年8月底我去了一趟綠島，結果剛好因應颱風靠近，綠島9/1(四)12:30以後的船班都停駛，原本我早上的潛水行程也在評估下取消，所以我乾脆搭第一班船回台東。

能提早回家當然要跟家中孩子報告啊，早上7:30就去售票處排隊買票，一確定換票成功，我就立刻在心裡想著孩子們說這件事。除了么妹沒差以外，另外三個男生都很開心。

么弟很高興可以從安親班回家，次子很高興可以一天吃2次以上的肉了，但最開心的莫過於長子，開心到我可以想起牠在家裡暴衝的樣子。

我：「寶貝，我在回家了呀～」
長子：『現在嗎？（愉悅開小花）』
我：「大概還要5～6小時吧。轉車啊之類的。」
長子：『什麼。』

面對長子陡然沉下來的情緒，我困惑，「幹嘛啦？」長子癟嘴懊嘟嘟，『這樣要等很久！』

「我提早回去欸什麼等很久？」
『可是……你現在跟我說，我就想你現在。』

要回家了嗎？
要回來了嗎？
要回家了對嗎？

「……」

『我想要你現在就來抱我。』

「……」

喔吼。是霸總式的傲嬌撒嬌法！

我笑出來，決定逗牠：「那以後我快到家才跟你說？」
長子沒有馬上給我回應，給了我一種天人交戰的複雜感受。
良久才勉為其難的回應。

『要先說。但不要太早說。不可以快到才說。』

「……」

這是不是一種刁難，我就問？
要先說又不能提早說，那不就是快到家再說嗎？？
可是那樣又太晚？？？

本來想說什麼但是手邊要還車去搭船拿行李等等瑣碎事情我就沒繼續，結果上船後，默默想到長子期待的小臉，我問：「怎麼啦？」
長子眼睛圓呼呼：『現在嗎？回家了嗎？』

「⋯⋯我不是說還要5～6個小時嗎？」

『喔。是嗎。』

對於這個答案，長子悶悶不樂，『我覺得已經很久了。還要多久？』

「再4～5小時吧？大概？」

『喔。』

長子默默離線。
結果不到5分鐘，我又想到長子期待的小臉。

『現在嗎？回家了嗎？』

「⋯⋯」

『回家了嗎？』

「⋯⋯⋯」

啊啊啊啊啊～～～
明明很煩，但我又覺得牠這樣真的好可愛好可愛！

聽覺型孩子的不耐煩催促怎麼可以這麼可愛！

分享
3

我遇過一個聽覺型貓咪的個案，那個個案至今我都印象深刻。

主要的溝通目的是因為貓咪最近都不吃飯，而貓咪已經是10歲以上的高齡貓咪，隨隨便便不吃飯，是會把家人急死的！所以我當然快速打完招呼後就切入主題：「寶貝，你為什麼最近都不吃飯啊？」
貓咪讓我感覺到在我腦內大聲喵嗷嗷大叫。

『（嘟嘴）我媽媽啦！有事情都不跟我說！她最近對我生分了啦！！』

我愣了幾秒，問媽媽跟照顧的阿姨，「媽媽或姨有在看宮鬥劇嗎？」
對我的問題阿姨也愣了幾秒，想了下後慢慢回答：「之前阿嬤會看芈X傳…也看過甄X傳……」
這兩個關鍵字一出來，我瞬間感覺到貓咪精神抖擻的大聲呼吸。
『對對對，那個可好看了！我都看得津津有味的！！』

……原來是被宮鬥劇洗腦的小貓咪呀！

看來是每天在家閒閒陪阿嬤看電視，看著看著，這聽覺型的孩子就把那些對話學起來了。

面對這個發現，媽媽覺得很困惑。「可是寶貝現在也沒陪媽媽看電視劇啊。」
貓咪給我感覺牠一臉無感，帶有點驕傲的嫌棄。
『妳那個太小家子氣了，不看。我就喜歡看那些互相較勁的！』
「嗯……寶貝，除了這個，你還有喜歡什麼？」

這個話題應該很讓貓咪滿意，因為貓咪立刻又是精神抖擻之外，還加上興致勃勃。

『還有聽媽媽跟阿姨說八卦！可是她們最近都不讓我聽了，討厭，好無聊喔。她們對我生分了啦～！』

媽媽跟阿姨面對這個指控，只想仰天長嘯：「我的天啊！！！」

不得不說，家裡有聽覺型的孩子，好像真的蠻喜歡聽八卦的。

增溫小技巧

家有聽覺型孩子的家長，日常生活中有很高的機率會經常跟寵物自問自答，比如狗狗一直發出嚶嚶聲要撒嬌，家長蹲下來摸摸時就會邊說：「唉呀這麼撒嬌想要我摸摸喔，寂寞了喔？不是剛剛才摸過嗎？又想被摸摸喔？有被摸摸就不寂寞嗎？那我要怎麼工作～喔，不用工作嗎？不工作怎麼養你？嗯？但你會寂寞喔？好啦就在摸你啦～」諸如此類的自問自答。

真的不用擔心那是腦補，那個百分之百，就是你聽覺型孩子的抱怨跟表達。

所以放心大膽的讓自己沉浸在當下的感受吧！

聽覺型的小孩，話真的蠻多的。

## 想要我懂的話，好好說話好好讚美

如果要說四種溝通模式裡，最不好協商的溝通模式，第一是感覺型，第二就是聽覺型，因為聽覺型對語言的敏感度太高了，弄個不好舉一反三，會很容易就讓家長啞口無言。

我們家的聽覺型代表，貓長子，就很常讓我陷入這處境。

當初學動物溝通略有小成時（哎呀……時光荏苒……那已經是2016年的事了），我興致沖沖的想跟長子調解一下跟次子之間劍拔弩張的氣氛。我跟長子問：「你不喜歡弟弟嗎？」

『沒有不喜歡。』

「可是你都會打牠。」

『打牠怎麼了嗎？我不要牠在那裡，我打牠，牠走掉，牠就不會在那。我打牠不對嗎？』

「……這樣就是不喜歡，你不喜歡弟弟？」

『沒有不喜歡。』

「？？？可是你打牠啊！」

『打牠就打牠啊，牠不要出現啊，出現我就打啊！沒有出現我就沒有打牠啊！』

「那你喜歡牠嗎？」

『也沒有喜歡。』

「沒有不喜歡就是喜歡啊！」

『我沒有不喜歡，也沒有喜歡。牠沒有出現在我視線範圍，我可以忍耐牠的氣味！』

——是的，對貓咪來說，打不等於不喜歡，只等於「現在、此時此刻、我不要跟你分地盤」。
（有沒有GET到動物的邏輯呢？）

我冷靜一下試圖動之以情：「別這樣嘛，弟弟很可憐啊，弟弟沒有家、沒有肉肉吃、沒有人疼，很可憐啊，我們可以給牠一個家啊！」

長子抖抖耳朵，沉默半晌，言簡意賅的問：『跟我有關係嗎？』
「……」
『牠肚子餓、牠沒有地盤、牠沒有媽媽，跟我有關係嗎？是因為我才這樣嗎？』
「……不是，不是因為你……」
『不是因為我，所以，為什麼是來我的地盤？』
「……」
『我沒聞過牠的氣味、沒照顧過牠、牠跟我沒有關係，為什麼牠闖進我的地盤，我就要讓給牠？』
「………」
『我不明白。這跟我有關係嗎？』
「…………」

『牠要地盤，外面那麼大，哪裡沒有，為什麼要來我的地盤？』

「……………」

啞口無言好一會兒，我最終選擇破罐破摔：「我不管！我想要！我想要養牠！想要牠當你弟弟！我就是想要照顧牠嘛！我想要嘛！」

『喔，你想要就你想要啊。』

「……嗯？」

長子又抖抖耳，打呵欠。

『你想要是你想要，我不想要是我不想要啊。兩個沒有抵觸。只要我的地盤範圍沒有影響，我的肉是我的肉，我需要你時你要回應我，牠不要常常在我附近，也不要靠近我像要挑釁我，那麼，牠就那樣啊。』

『你想要的，你負責。我不想要，所以，我不負責。你要負責教牠，你是牠的媽媽，牠不是我的責任。』

「……」

『因為那是你要的。不是我要的！』

「………」

講清楚說明白，聽覺型小孩就給過了。

因為么妹是長子指定要的，所以牠對么妹
（照片右邊）包容度真的比較高

分享 2

有段時間我比較忙，常常東奔西跑，連離島都去，沒多久就發現長子怪怪的。

肉肉有吃水有喝，只是感覺很茫。

晚上想了想，就讓弟弟妹妹在房間，留牠跟我在客廳獨處，當當偽獨子。

「你怎麼看起來茫茫的？」

『因為你忙忙的。』

好啊我家長子快要不當貓了啊，越來越會回嘴了啊這孩子！

我一把撈過來抱緊，牠一邊喵喵叫『幹麼啦！幹麼！！』但又乖巧的窩在我胸口。

我摸摸牠，看著牠頭頂的紋路，再摸摸牠。

「是不是覺得這次我出門太久了？」

『……嗯。』

長子很坦誠，牠蹭蹭我的手，『還……感覺……感覺你不太想回來。』

「……寶貝，這是有原因的。」不想回來是因為怕坐船啊啊……

『想著我就不害怕了啊。你都這樣跟我說。我覺得有效果。』

「……」

『……還是想我沒有效果？』

「沒有、沒有、沒有，你看，我不就回來了嗎，因為我一直想著你啊，想著我的小貓咪呀～想著我的小太陽呀～嘿唷哼嗨咿呀嘿呀嘿嘿嘿～」
『真的？』
「小貓咪呀是我的小太陽～嗨嗨咿呀哼嗨唷～小太陽是你指引我回家～哼嗨唷～」

為表真誠，即興了一首小太陽貓咪之歌。
當人怎麼這麼累呢。（還是因為我自己的問題？）

唱歌唱一唱孩子還是悶悶的，我想了想又問：
「還是弟弟怎樣了嗎？」
『嗯……』
長子蹭蹭我，癟嘴，『牠說牠坐船很厲害…很多人說牠很厲害……』
「坐船又怎麼了，下次媽媽帶你飛，坐飛機！」
『我不要，我要在家等你，我在家等著，你不會亂跑，回來的速度才快。』
「……」

有種被懟的感覺是怎麼回事。

「可是你不用搭船也是厲害的小貓呀。」
『……但是你都沒有讚美我啊。』
「啊。」

好喲，好喲，好喲，要讚美是吧？

我一把撈起小孩，開始唱作俱佳，又跳又親，把牠的主題曲每一首都唱過一輪。

長子終於露出滿意的表情。

「而且寶貝啊。」

『？』

「你還是比較厲害的喔。」

『怎麼說。』

「弟弟坐了4次船而已。你坐過6次耶！」

『！！！』

長子一臉恍然大悟。

『我果然還是比較厲害！！』

「我們不用比這個啦，你本來就很厲害。覺得比較滿意了？」

『嗯。』

長子蹭蹭我，又蹭蹭我。

『媽媽。』

「嗯？」

『我忘記說了。』

「嗯？」

『你回來了，真好。我好想你。』
「傻瓜。」

有你在家，哪一次我不是飛著回家。
我也很想你呀，我的寶貝。

分享 3

來談談我家另一個聽覺型的孩子，么弟。

么弟是本我型＋聽覺型的小孩，我是感覺型＋聽覺型為主的人類，所以平常我已經很會唸了，遇到牠小孩子心性重時更會唸牠。

通常牠會一臉無辜被我抱起來唸，唸一唸不想聽牠就會開始啊啊叫要逃跑，我就會邊捏牠腮幫肉邊唸「媽媽話不要聽一半！不要聽一半！你要全部聽進去啊！要聽進去啊！！是有沒有聽懂！！」然後小孩繼續啊啊啊啊扭動要逃跑。

於是久了後就變成這樣的對話：

我：「（唸唸唸唸唸）……有沒有聽懂我在說什麼？」

么弟：『（一臉天真）聽一半！』

我：「？？？？一半具體是多少？」

么弟：『就你說的一半！』

我：「？？？？？」

我猛然想起我會唸牠話不要聽一半。

於是我氣極反笑：「你的聽一半不就是沒聽懂！」

么弟繼續一臉純良質樸：『可是你都說我只聽一半，有聽到一半啊！』

「那你聽懂哪一半？」

一臉天真無邪的么弟

么弟的大眼眨呀眨。

『媽媽好煩。』

「……」

原來你聽懂的是，媽媽很煩的那一半啊……

當動物年齡還小時，請把自己的語言能力調降為幼稚園等級，避免太複雜導致的無法理解。

## 增溫小技巧

面對聽覺型的小孩，講話瑣碎、重複性高是沒關係的，多講幾次多說明幾次，記得盡量言簡意賅，不要有太多複雜詞彙，動物的智商大概是5至7歲的幼童，因此太複雜的說明，牠們只會直接腦袋放空，不會學著理解。

記得，事前的說明叫做提醒，事後的說明叫做解釋，這道理對人類對動物都通用的。

## 聽覺型的小故事合輯

這邊為大家獻上一些聽覺型的小故事合輯，讓大家體會一下聽覺型優位的日常生活。

**故事 1**

如前所述，2022年有段時間長子動手術後，因為要讓長子靜養的關係，暫時讓么弟待在客房裡，把所有的跳台都移進去以此來豐富動線，每隔兩三天換一輪玩具給牠，有空檔就進去陪玩逗貓棒，更甚之則是偶爾次子會進房間陪牠打鬧一番。

么弟其實很穩定，不會吵吵鬧鬧的一定要人陪，不過有一好就有一壞，這是平衡的法則，很難知道牠的那一壞會有多壞。

「媽媽很忙，會寂寞嗎？」

『我很忙啊～～』

「……你哪裡忙？」

幾秒鐘後，我看著一隻小貓咬著玩具，猛力的衝進貓砂盆裡，一堆貓砂噴濺出來在空中四散。

牠在裡面開始跟玩具纏鬥、廝殺，更多的貓砂噴濺出來，範圍擴大。接著牠意猶未盡，喵啊一聲開始勇猛撥砂，幾秒鐘就把玩具掩埋起來了。完成這一切後，牠意氣風發的從砂盆裡彈跳出來，把更多的貓砂一路帶到我眼前。

『很忙對吧～～～～』

「……」

『這很好玩喔！唰啦唰啦！！』

「………」

聽覺型小孩覺得這遊戲真是爽到不行，完全沒注意到我的表情變得很不好看。

## 故事 2

聽覺型的動物們也有牠們自己堅持的認知模式。我爸媽家外面是條死巷，鄰居有餵貓的習慣，所以看到貓來來去去或突然衝出來都是正常的。

某天我剛騎Gogoro VIVA拐出大門，迎面就跟一隻三花貓擦身而過，我跟三花貓都「啊」的尖叫出來。

「啊！！」

『啊幹什麼啦！！！』

幸好那時時速才10km/h，沒事，但人受驚嚇後口氣就很難好，我才剛要向對方發難，那隻三花貓比我還快，直接在我面前對我狂喵喵叫外加大哈氣！

『你幹嘛沒聲音！故意的嗎！』

「……妳也沒聲音啊為什麼兇我？！」

『你們不是都應該要噗噗噗噗噗噗噗噗的嗎！你為什麼沒聲音！！』

「……（猶豫了一下要不要笑，最後決定還是一臉派(歹pháinn)）你也沒聲音啊！」

『我是貓啊又不是狗，牠們吵死了，我們很優雅的。』

「……（忍不住笑出來）」

『你這樣不行。』

之後都會光明正大來門口看我有沒有叭叭叫，沒有就會對我哈氣的三花貓

那隻貓咪繼續噴噴哈氣，『你這樣沒聲音我們很難走路。你以後要出聲音！』
對於牠的建議我哭笑不得，「可是它本來就很安靜啊。」

我彷彿可以看到貓咪對我翻白眼。

『它很安靜，那就你出聲音啊！有什麼難的？！』
「……」

所以妳的意思是我要騎著一台很安靜的電動車，每過一個路口轉彎處都要「叭叭」的大喊嗎？

對的，牠就是這個意思，而且拒絕再聽我的任何說明。

**故事 3**

有鑑於我們家已經是養老院了，么弟有滿身精力不知道怎麼發洩的狀況時，要麼我陪牠玩逗貓棒，要麼牠自己找樂子，牠最喜歡的遊戲之一除了拿玩具老鼠泡水，其次就是像照片那樣的玩窗簾。

牠會把自己藏到窗簾裡面，隔著透透的布料玩自己的尾巴，或是自己模擬假想敵，自己給自己配音演得彷彿戰況多激烈一樣。有時不去看現場真的會以為牠在跟誰殊死鬥，打得你死我活喊殺聲震天，趕快跑過去一看才發現牠是在自己玩自己配音。

聽覺型的孩子完全不讓自己無聊呢。

但是因為牠偶爾玩耍的地方是洗手台，我其實真的有點擔心那個洗手台撐不撐得住……

上次牠不知道怎麼玩的，玩到落水頭壞掉了，於是我就乾脆讓牠去洗手台上玩跟睡覺，只能盡可能地去提醒牠不要太激烈……

「這樣有好玩？」

『有！』

「跟逗貓棒比呢？」

『要要要！要玩！！（蓄勢待發）』

「跟姊姊比呢？」
『姊姊！快跑！！（想追）』
「………」

小朋友在養老院的生活，真的也是挺辛苦的……

自己找樂子自己玩耍的么弟

故事
4

聽覺型的小孩除了表達豐富之外，在學習人類語言的速度也很快。

如果遇到在溝通過程中答辯如流、侃侃而談的寵物，可以知道牠們有很高的機率是聽覺型優位的孩子。

之前有個朋友（「哈吉姑姑聽你說」）送了一條手織領巾被長子無情退貨，牠指定要紅色的鼓鼓蝴蝶結才好看，朋友特地滿足小貓咪的任性，真的給牠加上鼓鼓的蝴蝶結以外，還加上了金線裝飾！

長子很滿意，帶上後直奔牠的伸展台aka我的廚房工作椅坐定，讓我拍了幾十張照片後，再指定要我抱著牠拍，又拍了幾十張，牠才心滿意足的說：『好了，可以了，摘掉了。』

「不帶了嗎？」

『我怕又壞掉。你幫我收好。』

「那弟弟妹妹可以帶嗎？」

『不可以。你在說什麼東西。』

長子振振有詞，『幫我收好，要收得很好很好。等下次看到姑姑，我再帶。』

「這次的有喜歡？」

『很喜歡。』

「那你要跟姑姑說什麼？」

『謝謝姑姑。』

長子很乖巧，但很快又斜視我，『她又不在這裡。跟你說幹什麼。』

「我可以幫你轉達啊。」

『我有嘴巴，我自己會說。』

「好，那我們下次去台北，帶給姑姑看～」

小貓咪愣了一下。

『……蛤？要去台北喔。』

我也愣了一下。

「你以為她會下來高雄嗎。」

『她不會下來嗎？』

「……姑姑家還有她的寶貝要照顧，沒辦法啦。」

『蛤？是喔。』

小貓咪想了想，一臉「真拿你沒辦法」，『那走啊，我們現在走啊。』

「……你以為台北高雄是有多近。現在很晚了。我傳照片給姑姑，你用眼睛跟姑姑說。」

『好吧。那你要記得收好喔。』

「知道啦～～」

通常會有這麼多對話的，就是長子的場合了。

很滿意的長子

**故事 5**

之前有提到，寵物跟家長的溝通模式是相近的，也就是說，聽覺型的寵物，一定也有聽覺型的家長。聽覺型家長的其中一個特點就是蠻喜歡透過語言溝通表達，甚至有時候會出現「講幹話」的情景。我就很常對我家的長子說些有的沒的，也因為這樣，長子的反應總是很快，快到有時我也會招架不住。

如果有從很早期就開始關注我們一家的人應該知道，我其實會對貓毛過敏（我是真愛！痛並快樂著），所以每到換毛季就一定要跟家裡貓咪們商量剃毛，不然的話……可能一個晚上過去，牠們就會變成孤兒了（沒錯，過敏就是這麼嚴重）。

通常我會想盡辦法忍到天氣回暖，畢竟我也怕牠們因此感冒或者冷到，可是在支氣管敏感、鼻涕與眼睛癢的三重攻勢下，我總是忍不住流淚（因為過敏）的跟長子說：「媽媽快死了……」

『……哪有這麼嚴重。』

「答、答應我要好好活著……」

『不要再玩了。』

「媽媽、媽媽會叫阿姨照顧你們……」

『妳不要因為阿姨不在這裡，不能對妳怎樣就在這邊皮。』

「我、我真的快死了……」
『還能說那麼多話應該還可以活很久吧。』

長子瞥來一眼。雖然講話涼薄，但是牠立刻起身要來蹭我，我大驚閃過，看到牠明顯動作一僵。

『……媽媽？』
「媽媽現在臉上都是鼻涕跟眼淚，你先不要來蹭我。」
『……』

牠坐下，耳朵後掀呈開飛機之勢。
牠看我去拿衛生紙擤鼻涕、去浴室洗臉冰鎮雙眼，思考了好一陣子。

『……要進行那個嗎？』
「那個？」
『那個會讓妳比較舒服的那個，我們不喜歡的那個。』
「剃毛？」
『嗯。』
「可是現在冷，我怕你們感冒。而且……」我伸手去摸牠，牠身上的冬毛又蓬鬆又柔軟又滑順，讓我愛不釋手（於是乎也過敏不停），「媽媽喜歡這樣摸你。」
『……可是妳很難受，我不喜歡看妳這樣。』

長子轉頭蹭蹭我的手，眼神溫柔，發出屬於我們之間的低聲嗯嗯叫。

嗚嗚，平常強勢的小孩一但放軟，威力驚人。

「可是弟弟、妹妹怎麼辦？」

想到牠們還是要提一下畢竟毛是牠們的。

長子聞言沒有馬上回答，只是繼續撒嬌蹭蹭要摸摸，才慢慢回答。

『我都剃了，牠們還能不剃嗎。』

「……」

故事 6

某天我隨口跟長子說了一下，「媽媽有時候買的東西你們都不捧場呢。」

長子眨眨眼，立刻回應：『為什麼你買了我就要喜歡呢？』

「欸？」

『你買的時候沒有問過我啊？』

「這個嘛……」

『你沒有問我就買了然後又怪我不喜歡，我的錯嗎？』

「這個、嘛……」

『你哪一次問了我說喜歡的，我不喜歡嗎？』

「……的確沒有發生這樣的事情。」

『所以呀！做決定之前先問過我，這樣就減少誤會啦。』

長子扭扭身體理理毛，又想了想，跑過來在我腿上踏踏。

我看著牠不解：「怎麼了？」

『我也知道你買那些東西是想我們開心～可是有時候那些東西我們真的就沒興趣嘛。』

「我沒說錯吧？」的表情

一邊奮力踏踏，長子繼續表達：『對我們來說，簡單就好了。一顆紙球是玩具，一個好貴的我們看不懂的東西也是玩具，可是紙球隨時地上都有，當然要簡單的東西就好啊。你愛我很簡單，我愛你也很簡單，幹嘛要搞這麼複雜呢？我喜歡的，你知道，我也知道你喜歡的啊。所以我就來給你踏踏了啊～』

「……」（很難決定要覺得感動還是覺得務實）

『我們表達喜歡的方式有這～麼多，如果我沒有問你就直接用我喜歡的方式表達，你也不會喜歡吧？』

「比如說？」

『對著你的臉噴尿。』

「……你確定那個是喜歡嗎？」

『是喜歡啊！喜歡到要在你身上做記號，是喜歡啊。』

（試著想像了一下後打個冷顫）

「好吧，寶貝，我明白你的意思了。不管有多喜歡，都要尊重別人，用他們能夠接受的程度還有方式。我收回我之前對你的責怪，對不起。」

『嗯～沒關係啦。』

兒子蹭蹭我，在腿上找好角度窩成一團。

『你看。這就是你喜歡，我也喜歡的方式。』

我曾經以為你沒有接受我表達的方式，就是不愛我。
但我現在知道，這一切都需要互相：你退一步，我退一步，你包容我，我包容你，因為我們是一家人。因為你不是我，我不是你，我們本來對於表達愛的方式就有不同的想法。所以，給自己跟毛小孩（甚至是家人與伴侶～）多一點空間，多一點耐心，多一點理解。

我們就會發現，表達愛與接受愛，非常簡單。

某天早上睜開眼，發現長子的帥臉近距離的在我眼前，我瞬間感覺胸口柔軟甜蜜，在滿腔濃情蜜意下我說：「寶貝，你好美，我今天說過我愛你了嗎？」

長子認真看我，眼眨也不眨，然後嗯嗚的叫了一聲。

『妳才剛睜開眼欸。』

「……欸？」

『睜開眼之前妳都不會說話。』

「……欸？？」

『所以妳現在可以說了。』

「你是在發什麼神經？」的表情

故事
8

有一次我跟學生討論到他們家的貓貓好像是青春期來了，從小男孩成了一個小少年，開始有點點敏感也有點點叛逆（？）但還是很帥帥很好看很棒棒，就延伸聊到晚熟這件事。

我：「男孩子好像都比較晚熟」

學生：「但牠也太晚了，都五歲了…雖然布偶貓是晚熟的貓種」

我：「可是我真的感覺男貓貓5歲才是成年。我家貓說過5歲後才是成熟的大人，所以牠覺得自己6歲，是已經成熟了、又沒有那麼成熟的大人喔～」

（我就問這算不算是一種成熟自助餐）

我今年才6歲！

故事 9

我跟一個朋友有合作錄製Podcast，某天我要趕在睡前把Podcast剪接好更新上傳，過程中長子一直過來關心我好了沒，好幾度差點把我電腦關掉，我就忍不住跟牠說：「寶貝你別這樣，你會讓我功虧一簣。」

『？』

長子困惑的被我抱下桌子，『功虧一簣？』

「就是，」我一邊按快捷鍵一邊聽剪接一邊隨口說：「意思就是，一切都要重來，你會要等更久的意思。」

『喔……』

長子意會過來開始現學現賣，『我也常常功虧一簣！』

「？？？？？」

我笑出來，不太明白何出此言，「你什麼時候功虧一簣？」

『每天啊！』

長子氣勢凜然的回答：『我叫你起床、叫你起床、叫你起床，你眼睛睜開了，你看我了，但你又把眼睛閉起來了，我又要重新叫你一次了。一切重來我要等更久。不就是功虧一簣嗎？』

「………」

『每天功虧一簣！』

「…………」

我錯了，我以後會好好解釋，不會再亂教了。

對自己每天功虧一簣很耿耿於懷的孩子

故事
10

我家小朋友都有被訓練聽鬧鐘響，響了後才能吵我、叫我，不然的話都會被我臭臉請去客房睡（？）

但有時牠們會分不清楚到底手機鬧鐘到底是哪個旋律（我有太多款鬧鐘旋律），甚至有一次是外面不知道哪個鄰居還店家在播音樂，長子以為那是我的鬧鐘，奮力疾呼的叫醒我，接著被我請去客房。（咦？）

有次開課日，我在台北難得跟牠一人一貓一世界，結果睡前我忘記把手機開靜音，早上8點勿擾模式一關閉，訊息提示音就開始響個不停。

因為那個提示音太有節奏感（？）長子就判定那是鬧鐘的一種，接著……就……開始來我耳邊奮力疾呼。

『起床了！！』

「……」

『吃飯！！！』

「………」

『鬧鐘！叫！你說你要起床！』

「……那是訊息提示音……」

『鬧鐘！！』

「……靠北喔那真的不是鬧鐘……」

牠堅持不懈的跟我灰(花hue,耍賴)了半個小時。
我就只好起床了。
站起身打開門，我看著牠如小鹿般歡快跳出去，
接著我關上門，回頭再倒床上。

外面小貓安靜幾秒後驚覺不對，跑回門口大叫，
『起床！你起床了啊！！我要吃東西啊！！！』
「(裝死)」
『媽媽！媽媽！！媽媽！！！』
「(繼續裝死)」
『媽媽～～～～媽媽～～～～～～』
「(堅持裝死)」

長子在門外喵喵喵急了好幾聲，最後發出好長好大一聲喵叫。

『我功虧一大簣啦！！！！！(`口´)』

## 3 感覺型的表達大整理

### 不說話的愛，讓你摸讓你抱還想把你含在嘴裡

感覺型的動物想跟人類表達愛時，最簡單的方式就是肢體接觸：透過觸碰肌膚感受自己以外的溫度，人類與動物都能把溫暖聯覺為被愛的心情。不用言語也不用眼神接觸，單純地用手觸碰，或者皮膚互貼，都有這樣的效果。

**分享 1**

這次的個案是個個性豪爽的女孩子。

對，女孩子，真實年齡已經不是，可是心智年齡是的，女孩子。（幫忙畫重點）

女孩子很愛媽媽，也很愛觀察媽媽，生平一大樂事就是黏著媽媽，偏偏媽媽有時候又很忙，沒辦法如牠所願，現在又剛好有中途小貓咪，變成她偶爾要默默的閃開。

『我寧可自己在房間，也不想跟牠們玩啦。』

幸好媽媽只是中途，所以牠也只是碎嘴抱怨，沒有很認真生氣。

聊天到一半，媽媽想到一個問題問：「有時因為我要養身體，會回娘家。牠跟我回去會不會有壓力？」

女孩子瞬間傳遞來一個渾身舒爽愉悅的開心感。

『沒有沒有！』牠眉開眼笑，喜不自勝，『回去好啊！回去很好啊！』

「為什麼很好？怎麼了嗎？」

『因為只要回去，媽媽就躺著不會動了。』

「……躺、躺著不會動？囧」

『對啊！然後我就可以～～這樣。』

女孩子給我看躺在媽媽身上，賴著撒嬌的愜意模樣。原來。是這樣的躺著不會動啊。

女孩子伸伸懶腰，想了想還補充：『而且沒有小貓喔。是不是超棒的！我希望媽媽常常帶我回去！』

「啊……我就是回去養身體的啊，就是要躺著啊！」

媽媽哭笑不得，忍不住好奇：「所以我如果要回去，只能帶妳，不能帶小貓嗎？」

聽見這問題，女孩子立刻臭臉。

『帶小貓幹嘛啦！！』牠嚷嚷著，臉色不悅，『妳把小貓留給爸爸啦。』

「為什麼要特地指定留給爸爸？」
『因為他平常也沒在管，妳讓他體會一下啦。』

女孩子一臉的振振有辭。
『讓他知道媽媽平常很累！就會知道要珍惜媽媽了！』

……好喔，看來是個非常護母的女孩子喲XDDD

「我沒有白疼妳～」
『當然！妳這麼愛我我怎麼會不知道！』
女孩子得意哼哼，不忘在最後叮嚀一下媽媽。

『記得多回去躺著！記得帶上我！
我就可以一整天跟妳賴在一起了～』

媽媽：「寶貝喜歡抱抱嗎？」

狗狗：『好喜歡！！我最喜歡被緊緊抱住了～～～』

我：「媽媽，寶貝是不是比較喜歡肉肉的人啊？」

媽媽：「咦，好像是耶……！難怪牠會喜歡誰誰誰跟誰誰誰！」

我：「因為牠給我一種被肉緊緊壓住的感覺……」

狗狗：『我最喜歡被肉肉抱著擠壓的厚實感（捧頰燦笑）』

媽媽：「寶貝現在因為必要緣故所以會常去醫院，寶貝有什麼話想跟媽媽說嗎？」

狗狗：『幫我跟帥哥醫生說，多來摸摸我跟我說話啦。』

媽媽：「帥、帥哥醫生？？」

我：「（大致描述模樣）」

媽媽：「喔……可是他會罵妳耶寶貝！」

狗狗：『（捧頰嬌羞笑）我知道～～那是因為他很愛我，所以我不怪他～～他這樣對我我好害羞喔，他好Man喔～～～』

『我知道的，他罵我只是因為他愛我，只是因為他關心我，他好帥～我不怪他～～都是因為他很愛我他希望我趕快好起來～～沒有關係～～』

我：「……媽媽，你的女兒喜好非常特殊XD」

媽媽：「啊，我也不知道原來牠是這個樣子。」

**分享 3**

我們家最喜歡跟我皮膚貼貼的孩子是次子。牠是感覺和視覺（感覺>視覺）的孩子，當牠看到我在家，在牠可觸及之處，牠會不遠千里的跑過來貼著我的身體趴下，無論暑夏或寒冬，對牠來說，當牠貼著我、感覺我，透過接觸感受我的存在，透過這樣的行為讓我知道牠在，讓我能把眼睛落在牠身上，讓牠整個存在映照在我眼底，這樣的行為就叫做愛。

「當你貼著我時，你感覺如何？」
『覺得很溫暖。』

次子慢慢地說，眼睛濕潤潤地仰望我。

『我從旁邊看你，你像很大很大的山，很高很高的天空，像很遠很遠的太陽，很熱但我心空空的。但因為我碰得到你，所以我知道你是真的，你會像山一樣給我依靠，像天空一樣的籠罩我保護我，像太陽一樣暖暖的，靠著你，我的心會滿滿的，很安全，我喜歡這樣的安全，我喜歡你跟我在一起時，我是安全的。』
「那如果我不在的話怎麼辦？」

次子想了想，往我更靠近些。

我想到我床上的棉被、枕頭，還有我的開放式衣櫃。

想到牠會在這些地方逗留，在這些地方睡覺，或者什麼也不做，安靜發呆。

『那些會讓我想到你。』

次子溫和的開口，像是帶著笑臉一樣。『你躺過的地方，你用過的被子，你穿過的衣服，都有你，這些讓我覺得你沒有不在。你一樣在，因為這些都是你。而且，你會找跟你很像的人來家裡照顧我們。』

我想到我委託的到府顧貓人員，的確跟我身型相像。對方不止一次跟我提及，次子會在她來家裡時，跟著她亦步亦趨，走到哪就跟到哪不會停。

「所以你跟著特務，不是在討吃的，是覺得看著他，就像我在嗎？」

（「特務」是我們家到府褓姆的別稱。因為她的粉絲專頁叫做「宅貓特務」，她自稱自己是特務，負責穿梭於每一個家長不在的地方，用行動成為家長最堅實的後援與支持，讓留在家裡的寵物們安心吃飯，好好生活，但又不會在這個家裡留下任何存在過的痕跡。我們家的孩子都知道「特務」是誰，也知道只要特務來家裡，就代表媽媽今晚不會回家，因此有時我家的毛孩子不太喜歡看到她來家裡哈哈哈！）

我向次子伸手，次子直接把頭埋到我掌心，發出愉悅的呼嚕嚕聲。
牠沒有回答對跟不對，但從與牠相貼的肌膚可以感受到一點點害羞。
我伸出另一隻手慢慢摸牠，一邊輕巧的施作TTouch，感受牠的肌肉慢慢變得柔軟，呼嚕嚕聲裡逐漸帶上睏倦睡意。

『還有。』
「嗯？」
『這樣也喜歡。』
「這樣？」

次子調整一下姿勢，讓自己更好的依靠著我，睏得睜不開眼。

『一邊給你摸摸，一邊睡著。睡醒後，你在，你沒有走。』
『這個時候，我覺得我很愛你，你有愛我，我很快樂。』
『看著你，感覺你，全部，都讓我感覺安全，也感覺快樂。』

看著，感覺著，無須言語，就能知道，你愛我。

貼貼就好開心好滿足好安心

## 鄔莉和你說

知名美國馴馬師琳達・泰林頓瓊斯女士（Linda Tellington Jones）於1970年代發明TTouch。

TTouch是一種有助於動物（包括人類）平衡身、心和情緒，也協助動物更有自信、減輕壓力並提昇自癒力，進而對健康有正面影響的一種撫觸手法。藉由用手指在動物身上撫摸、畫圈、托提，促進動物身體代謝，建立信任並安撫情緒。TTouch提供一種正向、不強迫的溫和作法，飼主在撫觸的過程中，心緒也會逐漸同步感到安定，與動物關係將更加親密。

「把你的心放在自己手上，把你的手放在牠身上」，是TTouch的理念之一，期望以最舒適的撫觸品質，讓人類與動物們可以在有限的相處時光中，達到最高品質的和諧。

次子跑來撒嬌，我們就玩了常玩的「說說我有多愛你」的遊戲。
規則很簡單：其中一方先說自己愛的方式，換另一方說自己愛的方式，先受不了的人就輸了。

「心肝，我很愛你喲！」
『(o･ω･o)～～』
「每一分每一秒每個時刻，都愛你！」
『嗯～～』
「還受得了嗎？」
『(o･ω･o)……再來！』
「可惡。換你！換你說！」

我不說話，抱著次子，讓牠的耳朵靠在我的左胸，聽我心臟跳動的聲音。
次子想了想，才回應我。

『我。』
「嗯？」
『睜開眼的時候，閉上眼的時候……』
「的時候？」

心肝靦腆的在我懷裡呼嚕。

『只要可以碰到你、聞到你、聽到你，都在愛你。』

增溫小技巧

感覺型的孩子，通常都會有自己偏好的毯子、被窩、休息的地方。可以在那些地方放一些自己的衣物，增加牠們的安穩感。

如果沒有那麼多衣物，也可以考慮讓自己跟孩子都用同樣的洗衣精，用那個氣味去定調彼此熟悉的範圍，也可以幫助彼此間有共同分享的感覺。

在跟孩子互動時，盡可能讓自己情緒穩定，不在生氣的時候教規矩，不在沮喪的時候指責，當我們有情緒時是可以離開現場的，動物不會覺得奇怪，牠們反而比人類還懂得尊重彼此的留白空間。等調適好情緒後再回頭跟動物好好的表達跟互動，更能幫助牠們理解。

滿足的看著我，在自己的窩窩睡著

## 我很想你，一直吃填補空虛寂寞

感覺型表達感受的其中一個方式，就是用「咬」來表達情緒，而且通常不怕打罵。

動物的咬有很多意義，比如說：玩得很亢奮時、情緒很高漲時、壓力值很大時、想表達喜愛時、焦慮不安時、想表達明確的拒絕時，這些情況都會讓牠們用上「咬」這個行為。咬的力道，如果牠們曾跟同類相處過，那牠們有機會學習到控制力道，可是如果沒有，那就會需要花費心力在引導牠們認知到自己的力道已經超出人類可承受的範圍。所以在無聊時，有的動物會咬塑膠袋、家具、任何可以撕破扯破咬破的東西，這些不代表牠們只是搗蛋而已，反而要注意，那可能只是牠真的太無聊了，或是牠正承受著我們沒有觀察到的某些壓力。

另一個表達情緒的方式，一樣是用嘴，只是不是用咬，而是「吃」。

感覺的領域包羅萬象，除了觸覺以外，嗅覺、味覺、溫度覺、平衡覺等，也都包含在內，每一個可以讓我們產生感受、感聲互動的感官體驗，都是感覺的一部分。

感覺型的動物在寂寞、想念的狀態時，最容易呈現出來的表現就是在「進食」上有所改變，以人類們比較好理解的詞語來說，就是「情緒性進食」與「情緒性厭食」動物比較少有情緒性厭食（注意，是少有，不是沒有），比較多會以情緒性進食的方式表現。當感覺不安全、焦慮、緊張時，比如更改環境（如搬家）、家庭結構改變（如出差、死亡、離婚、家有新生兒、有新來的動物等）、作息突然的調整（如原本是早班工作，改變成晚班工作），這些都會讓動物產生進食上的行為改變。

2015年10月至2016年4月這段時間，我去巴西待了半年，當時家中的三貓寄養在朋友家。長子跟么妹幾乎沒怎麼大狀況，但這對視覺型與感覺型優位的次子來說，是非常大的壓力。不只是改動環境，連我都不見了（透過動物溝通理解我會不在，跟實際感受到我真的不在了，是非常不一樣的），因此牠很快就開始情緒性進食。

當時的朋友大概在我出門第一週時就跟我說這個狀況：次子會一直守在碗架前，一直等著放飯，只要看到別人在吃東西就也要衝過去吃，甚至只要有垃圾袋或塑膠袋有食物氣味的，牠也會去翻找、去咬破，就是要想方設法的，把吃的塞進嘴裡。

隔著海洋我問牠，「你怎麼了？食物給不夠嗎？怎麼一直吃？一直吃的感覺如何？」

次子回給我的感受，是慌張、不安，胃部緊縮，一種體內的空虛感，嘴巴感覺空虛，只能一直用咀嚼跟吞嚥來壓抑下那個空洞感。

每當牠進食，每當牠吞嚥，那個感受就能短暫的消失，短暫的被撫平。但當牠意識到我真的不在，那時也沒有準備什麼牠的毯子等安撫物，牠就又開始感到不安與空虛，只能再度找東西吃，周而復始。

那時的我還沒有溝通模式的概念，想法單純，就只是不斷的對次子說「我會回家啊！你很安全的你不要怕！」用聽覺型的方式來應對視覺型，想當然耳，一點用都沒有。因為牠覺得空虛寂寞，所以我請我朋友盡可能多用安撫與觸摸來滿足牠的需求，可偏偏我朋友是本我型溝通模式優位的人（這是之後才知道的），他不習慣太頻繁的肢體接觸，所以也沒法用觸碰來滿足次子。

後來我們找到的方式，就是上個段落提到的增溫小技巧：請我爸媽家幫忙準備一袋我的衣服，再請朋友去我爸媽家拿，然後給次子躺。這個方法的效果非常好，不只次子，連長子都一馬當先的衝來要躺我的衣服（因為牠也有感覺型優位呀！），直接把臉埋進去好一陣子都不移開。

用力大口吸

彷彿媽媽在一樣的安心

我要在夢中與媽媽相見

接下來的日子就是牠們常駐在我的衣服上，除了上廁所跟吃飯以外寸步不離，誰靠近就對誰哈氣。等到衣服的氣味散掉差不多（據牠們表示，約莫3至5天不等），就讓我朋友再給牠們換一件我的衣服，就這樣輪著輪著，到我回台灣。

這期間次子的情緒性進食有改善很多，但牠的視覺型優位仍然會因為看不到我而焦慮。所以到後面，情緒性進食轉變為疾病呈現，就是我下個段落要談論到的內容。

感覺型的動物，在進食上是很好的觀察指標。

挑食跟貪吃都是感覺型動物的呈現之一，不要因為挑食就覺得孩子不是感覺型喲，感覺型小孩挑食起來的眉角，有時不是人類可以理解的。

當動物產生情緒性進食時，記得觀察一下剛剛提到的壓力來源：更改環境（如搬家）、家庭結構改變（如出差、死亡、離婚、家有新生兒、有新來的動物等）、作息突然的調整（如原本是早班工作，改變成晚班工作），盡可能的維持規律，或是漸進式、少部分的改動，將能大大幫助感覺型動物在適應改變的過程中減少一些不安。

## 我不開心，嘔吐便秘腸胃炎皮膚病一起來

人類如果有情緒性進食出現時，長期下來容易因暴飲暴食而傷害到腸胃，演變為腸胃道等消化系統的疾病。前述內容我們提到感覺型動物會因為壓力，而有情緒性進食的狀況，同樣的，在長期壓力累積下，動物也會因此傷到腸胃，導致諸如腸胃炎、胰臟炎、脹氣、頻繁嘔吐等症狀。

感覺型溝通模式的特點之一，就是比其他溝通模式擁有更為敏感的消化道系統與皮膚，因為這兩個都是身體代謝「情緒」的出口（還有一個就是作夢：或許你也曾有過這種經驗？當有壓力時，容易在夢中經歷追殺、逃跑、大開殺戒、喪屍、世界末日等情節，這些都是為了幫助自己以作夢的形式來紓解日常的壓力）。

如果作夢已經無法代謝掉情感上累積的壓力，就會進展到腸胃，厭食、暴食、拉肚子、便秘……更甚之，開始出現免疫功能與內分泌失調，皮膚開始長各種小疹子，比如汗皰疹、濕疹、急性蕁麻疹、帶狀泡疹……等等，這是非常大的警訊：因為「皮膚」是人體最大的免疫器官，所以皮膚上的任何狀況、尤其是發炎反應，都是在提醒我們，我們的身體可能已經被侵犯到退無可退，如果不適時的解決壓力問題，將會影響我們的身心健康。

這樣的警訊與反應，在感覺型優位動物身上也能觀察到。

如果家中動物在腸胃與皮膚這兩個面向都有過往病史、或本身就因品種關係特別敏感，那就更要注意在有壓力產生（更改環境、家庭結構改變、作息突然的調整等）時，這兩個面向的疾病很可能會更為容易反覆發生。

我處理過一個貴賓狗的個案溝通，家長因生涯規劃去了加拿大，至少要在當地待一年以上。因為他也不確定自己往後是否會再回台灣生活，因此在慎重考量後，決定把心愛的孩子託付給家裡長輩照顧。結果離開不到幾週，狗狗就出現進食上的改變，最後演變為胰臟炎，直接送動物醫院吊點滴，中間斷斷續續穿插著濕疹、發霉、皮膚炎等突發狀況，家長著急的如熱鍋上的螞蟻，但家裡人的答覆又感覺沒什麼照顧上的疏忽，想來想去，還是決定透過動物溝通了解看看還有什麼人類視角注意不到的眉角。

當初一連上狗狗時，我第一個感受到的情緒是「失落」，接著是「委屈」，還有「想念」、「著急」、「試圖尋求慰藉」等情緒。『我想我媽媽了。媽媽會一直抱著我，陪著我，看著我，媽媽很多時間都陪我，阿嬤有其他要忙碌的事情，我想媽媽。』

原來相較於媽媽，阿嬤在照顧上比較少肢體接觸（雖然阿嬤覺得自己已經很常抱牠了，但動物就是這樣的。當牠體驗過100分的品質後，就算現在體驗是80分，牠仍然會在意那20分的差距），也比較不會像媽媽那樣哄著寵著牠吃飯。「看來是被我寵壞了。」媽媽苦笑，聲音可以聽得出有點沙啞，是哭過的嗓音。

『媽媽，我不舒服，你會來嗎？你會回來嗎？我不舒服，你就會馬上來我身邊的，這次怎麼這麼久。媽媽，你會來嗎？』

「媽媽很想，但媽媽沒有辦法。因為她在一個很遠的地方。」

『我好想她喔，我好想她喔……』

聽著孩子的想念媽媽簡直是肝腸寸斷，但那時正值疫情期間，國家與國家之間的航行沒有那麼好安排，所以我們改詢問狗狗，有什麼我們可以為牠做的，可以讓牠感受到媽媽還在，讓牠覺得比較不焦慮？

在一段交涉後，我們總結出幾個答案，更能證明牠真的是感覺型優位的孩子：牠想要有更多的撫摸、肌膚接觸，想要有媽媽氣味的毯子或布料，想要媽媽不時想念牠（對，牠不要視訊語音通話，牠看不懂，所有的動物都看不懂視訊的概念，那跟牠們認知有太大的出入，需要慢慢的引導與熟悉），牠說，牠願意這樣嘗試，『因為媽媽也有想我。我願意為了媽媽忍耐。』

儘管等待的過程讓牠覺得難受，但這些小小的改變，可以讓牠覺得過程會快樂一點。

## 增溫小技巧

感覺型優位的動物，要的就是那些：穩定供應的食物、高頻率的肢體接觸，這兩件事情可以幫助有壓力的孩子們，讓牠們的緊張感不會一直往上升級。家長不在身邊時，要請代替照顧者高頻率撫摸牠們，提供不太耐咬的玩具，因為破壞玩具會有爽感跟紓壓感。

對感覺型優位的動物還有一個重點，就是不要想著「解釋」與「說明」，而要選擇「傾聽」與「理解」。我們可以一直跟孩子解釋，解釋為什麼媽媽沒辦法回來牠的身邊、為什麼媽媽要出遠門，但這些解釋對於幫助孩子沒有幫助，因為牠們就是寂寞、就是無助、就是想念，就是有很多的委屈，有句話說「我理智上理解但情感上無法接受」，就是這個情況。

因此我們所要做的就只要「接受」就好：接受孩子的情緒、我們的情緒，接受這個情況就是這麼發展了，給孩子惜惜、給牠們情感上的肯定，「我感受到你好想好想媽媽，你很難過、覺得好委屈，我感受到了，你真的很辛苦」、「你覺得阿嬤陪你很少對不對？很想要更多抱抱？你難受了，我感覺到了，寶貝我真的好捨不得你」……接受牠們的情緒後，讓牠們感覺被肯定後，再轉而支持鼓勵：「你很想媽媽，但我知道你也有加油，也有用自己的方式努力，你很勇敢！」、「媽媽覺得你真的是很棒很棒的孩子，讓你委屈了，媽媽覺得很抱歉，但又覺得你好棒，你讓媽媽知道你也有在加油」、「我們一起加油，我們可以的，你真的是媽媽好愛好愛的寶貝」……用這樣的方式轉化牠們的感受，讓溝通停留在肯定鼓勵的情緒裡，對感覺型的孩子會更有幫助。

感覺型的孩子最貼心的、最讓人毋甘的一點，就是牠們會因為感受到家長的支持與愛，願意做出更多的改變與堅持來回應。

## 想要我懂的話，不要跟我講道理，我要感受到你的愛

在我的溝通經驗裡，四種溝通模式中如果要選擇一個最不好協商的溝通模式，那就是感覺型了。

感覺型優位在面對協商與討論時會有一些部分要注意：

(1) 情緒變化起伏較大，有時會感覺情緒化。

(2) 很需要哄，吃軟不吃硬，同樣問題問第二次會不開心。

(3) 如果講道理講不通，要輔以情緒上的表達。純講道理牠們無法理解。感覺型很常有自己一套邏輯，所以溝通的重點要放在情感上的表達。

(4) 注意自己的情緒有沒有符合毛小孩的理解：比如「我真的很難過！」但情緒是生氣，小孩就會覺得是生氣不是在難過。

(5) 只要感覺被罵，就會不願意再講話了。

所以跟感覺型的小孩溝通時尤其要注意，禁止「你可不可以」、「你為什麼」之類的問句（例如：「你可不可以不要半夜大叫？」、「你可不可以不要亂咬東西？」、「你為什麼要在床上尿尿？」、「你為什麼不吃飯？」）也不能說牠們「亂做、亂咬、亂尿」等話語，因為牠們會這麼做一定有原因，牠們自己不覺得自己亂來，牠們只會感受到「莫名其妙」。

一但牠們覺得莫名其妙，就不會回應（放空，讓這件事情過去），或者乾脆硬碰硬。

因此在跟感覺型孩子溝通時一定要記得，不用強調事情，而是強調感受，用鼓勵代替責怪，以及一定、一定、要保持耐心。

我家的貓咪次子一直都有咬人的習慣。不是沒原因的咬人，更多時候是摸一摸、抱一抱，親暱一下，牠就會開始頻繁的咬，咬手、咬腿、偶爾讓我不堪其擾。

用咬來表達我愛你的次子

『我咬媽媽，我愛媽媽。』

「但你咬了我會痛，小力點可以嗎？」

『……不大力你感覺不到我。』

「但我會生氣也沒關係嗎？」

『會有點緊張，有點怕怕，但沒關係，因為你的眼睛停在我身上，是對「我」生氣，那個時候的你眼裡看的、嘴裡說的、心裡想的，都是我，只有我，我覺得這樣很好。』

「就算是我在對你生氣？」

『對。因為我知道你不會真的生氣我。你說你喜歡我。』

「心肝。這樣不太妥當。」

『？我不懂。』

「我很喜歡你。但我希望你記得，生氣會損耗掉我對你的喜歡。因為我生氣的底下，有難過跟受傷。這會占據我喜歡你的空間。當難過與受傷越來越多，喜歡就會越來越少。等到有一天，喜歡只剩下一點點、一點點，那個時候要怎麼辦？」

『……』

小貓咪沉默的擠著腦汁思考。

『……讓媽媽的喜歡長回來？』

「可是空間是固定的。難過跟受傷占據了很多很多，喜歡沒有地方長回來。」

『那……讓難過跟受傷減少，讓喜歡長回來？』

「好啊，我們可以這麼做，這是很棒的方向。我該怎麼跟你一起完成這件事情呢？」

『嗯……』

小貓咪又想了一下，給我摸了好幾下後，試探性的輕輕咬我一小口。

『這樣，這樣可以嗎？』

「還是堅持要咬嗎？」我笑出來。

小貓咪有點羞赧的轉頭舔舔自己的背毛。

『我……我喜歡你。我想要一直把你咬在我嘴巴裡面。牠們就不會搶走你。你就不會跑到我看不到的地方。因為我咬著你，我感覺得到你，那很安全，我覺得很安全。』

『我知道你不喜歡。我有小力了，但是我會忘記，我不是故意的。我有時候就會突然、突然覺得有好多喜歡你，可是我不知道怎麼表達，所以我好用力咬你。可是我不知道怎麼控制那個突然好多的喜歡你。這樣要怎麼辦？』

感覺著次子的表達，我腦中浮現了一個名詞 —— 「可愛侵略性」。

## 郿莉和你說

可愛侵略性（Cute aggression），是一種短期的衝動情緒表現。當我們看到可愛的小孩、小狗、小貓，或其他你感覺很可愛的存在時，有時會有一種很想咬牠們、捏牠們或是亂揉牠們的衝動，甚至忍不住說出「你可愛到我好想捏爆你」、「你好可愛我好想吃了你」等，這些衝動的感覺就是可愛侵略性。

為什麼會有這樣的情緒表現有兩種可能：

1. 我們看到可愛的動物時，本能上會想要保護牠們，但礙於情境上的限制，我們無法立即擁抱牠們或是拍牠們的頭，所以大腦感到受挫，進而成為一種侵略性。
2. 其實我們經常會以負面的方式宣泄正面的情緒（例如喜極而泣），因此可愛侵略性可以幫助我們宣洩「可愛到受不了」的強烈情緒。

一般來說，這些侵略性都是正常且無害的。

我可以透過這樣的方式來理解，或許動物們也有「可愛侵略性」的衝動，但是跟人類不同，人類知道自我制止，可動物沒辦法，就很容易造成人與動物間的衝突。我想著該怎麼來引導次子理解這些部分。

「你覺得我怎樣做，你會覺得安全？除了咬我之外？」

『嗯……』

小貓咪把頭塞到我的手心裡。

『一直待在我看得到的地方。很多的肉肉，好吃的肉肉。還有摸摸，可以抱抱，還有看我，把眼睛留在我身上，我想要你腦袋裡都有我的畫面。』

「我有我必須去完成的事情，所以我不能全部都答應你，因為我沒辦法做到。但我可以答應你，時間到了就一定有肉肉吃，我把你的照片放在手機解鎖畫面，我拿起來就會看到你，就會想你，沒有工作或者其他必要性事務，也會留在你看得見的地方，把眼睛留在你身上。這樣子，你覺得安心一些嗎？」

『嗯。我知道你跟我不一樣。我知道你有想要完成的事情。我知道你用你的方式愛我，我也用我的方式愛你。雖然沒辦法完全照著我的想要，但這樣子，我覺得好多了~』

「謝謝你來當我的孩子。你是貼心的小心肝，憨厚的二哥，你這樣子就很好。不需要一定要跟大哥跟小妹互動的很好，你只要尊重大哥，尊重小妹，知道牠們的界線，尊重牠們的允許，也獲得牠們的尊重。我們一起生活，和平共處，你好吃好喝好睡好好上廁所，平安健康，對我來說更重要。」

『這樣就好了嗎？』

「還有，我喜歡你舔舔我，大於你咬我。如果可以的話，記得選擇舔舔我，這樣可以嗎?」

『那如果忍不住還是咬了呢？』

「我會提醒你，但我不會怪你。可是下一次，你就要選擇輕一點，就可以了。」

『好。這樣比較好。』

「我也覺得這樣比較好。這樣就可以了。」

花點時間慢慢的說，感覺型的孩子，
會因為對家長的愛，做出很大的改變

## 增溫小技巧

動物有很多人類不理解的行為。

同時，人類也有很多動物不理解的行為。

學了動物溝通之後，我體會到很多時候，人與動物之間的衝突，其實都是來自於誤解與不明白，就像人類，儘管說著同樣的語言，也會因為生活習慣與背景養成的差異，而產生衝突與矛盾。（比如親子關係、父母之間的溝通、男性與女性之間的溝通……很多很多，都有溝通的空間）

只要跟動物好好彼此溝通，好好互相理解，這些因誤會而起的紛爭或異常行為，都可以搭配正確的行為調整，穩定下來。人類世界裡有專門研究動物行為領域的專家與機構，可是動物世界裡沒有研究人類行為的機構與專家啊。

我們做這些事情不代表要扭轉動物的個性。只是當我們知道有些動物天性為何，身為開始馴養行為的責任方，可以在行為學知識的協助下，調整生活上的習慣，甚至在動物溝通輔佐後找出動物方有什麼可以配合調整的空間與方法。

在人與動物的關係中，自我提醒：我們是馴養關係開始的責任方。責任方的責任，是很大也很重要的。

你或許會覺得：「我也不知道我這樣做是對的錯的，或者我這樣說是好的壞的」但是至少慢慢的，我們會知道自己在調整時，動物也會調整，雙方可以好好的調整出一個平衡，一個不偏向人類也不偏向動物的平衡，真正的達到生活上的和諧。

感覺型的孩子，在溝通與互動中需要的就是家長的情緒穩定，不疾不徐的引導式表達，那才能讓牠們真正去意識到我們希望牠們理解的面向，而不會陷入各說各話的鬼打牆之中，演變到後面雙方又再度產生衝突而感到不悅。

## 感覺型的故事小合輯

這邊為大家獻上一些感覺型的小故事合輯，讓大家體會一下感覺型優位的日常生活。

在之前我曾短暫開放過走失協尋的預約，在那段經驗中深深體會到感覺型優位，在走失協尋中可以有非常大的幫助。

某次我接到一個蠻挑戰的預約：走失的狗狗因為不是家犬，是園區防護犬，走失當下已經受到不小驚嚇，又加上牠走失的範圍地點實在太大（整個文創園區），所以只好先確認安危、確認大概方向、確認周遭環境，問狗狗感受，只能感受到好慌張、好黑、腳好痛、好緊張，視線模糊，什麼都不知道。

溝通進度一度陷入膠著，這時照顧的姐姐靈機一動想到：還有其他狗狗可能可以協助！

她立刻提供我兩位其牠狗狗，小白是我第一眼就判斷牠可以的：因為牠很沉穩。
確認個性與細節，肯定牠在狗群中有一定領導力，也有獲得狗狗小白的回應後，我立刻跟走失狗狗小黑說，小白會去找牠請牠要回應牠，也跟小白再三拜託，請牠注意找尋。

這時我看著小白的照片，感覺牠溫溫吞吞的用一個畫面回應我。

一塊，帶著肥肉的，滷肉。
香香肥肥，帶著油光，散發美好的香氣。
我的嘴裡彷彿能品嘗到那個迷人美味。

？？？！！！
我滿頭霧水的想了兩秒意會過來，立刻詢問姊姊：「你們有給牠吃過滷肉？」
「有……但隔很久了，雞腿好不好？我給牠們吃的那家滷肉比較遠，不好買。」
姊姊說，小白說的那個口感，是她年初買來餵過牠的肥軟肉肉。
她知道牠喜歡，卻沒想到這孩子居然一直念念不忘。
面對姊姊提出的條件，小白拒絕。牠不要雞腿不要別的，就要香香的滷肉。
我跟姊姊表達小白的回應後，姊姊最終同意，只要小黑回來，再遠都去買。我立刻跟小白說：
「如果你找回小黑，要回來喔！要真的回來那種，我請姊姊給你香香肉吃。」

『好。』

小白一秒答應。我不放心，再次耳提面命：

「一定要找回來，才有得吃喲。」

『嗯。』

「找回來，立刻就會買給你吃。」

『好。』

牠讓我感覺到，牠對這個交易非常滿意。

——兩天後的凌晨，在一個非常刁鑽、但是離當初預測範圍不遠的地方，小白找到目標狗狗了。

那個地方，人平常根本不會走去那裡。

是狗狗小白堅定的拉著園區警衛的手，很用力的往那裡帶，而且堅持不走，才讓人在夜色中透過手電筒照射時狗狗眼睛的反光，發現害怕躲起來的狗狗小黑。

所有人都對小白讚譽有佳，一直讚美牠的厲害與專業，而小白只心心念念：『答應我的肉肉要給我。』

姊姊立刻說到做到的去買給小白吃，她說，她買來給牠吃的時候，小白咧嘴笑的那個燦爛呀，意氣風發。

於是，靠著一塊香香的滷肉，那次的協尋完美落幕。

吃貨果然是世界上最美好的存在，從今天開始，大聲讚美你們家的吃貨吧！

當初LINE的對話記錄

**故事 2**

『我聞到一個好香的屁股！
而且是個好可愛好可愛的女孩子，我就忍不住跟過去了～～

那屁股，真的，好香啊！！！』

於是因為那個香屁股，這孩子就這樣義無反顧的奔出家門，去尋找牠的香屁股了。
那有多香呢？我很難描述，但是狗狗給我一種滿心歡喜的感覺，覺得聞著就心曠神怡，恨不得可以離得更近，最好可以霸占那個氣味，讓牠一直都可以這麼開心。

故事
3

在為人與動物間協商溝通的這幾年裡，我也曾有過幾次與遊蕩貓隻與遊蕩犬隻（後面都簡稱為浪浪）溝通的經驗。那些浪浪們有固定的餵養姊姊們照顧，也有一個可以安心休息的地方，自然也就形成了一個小小的貓社會。

其中有一隻貓咪是貓社會中低調的老大，會維持貓社會的秩序，也會出手教訓其他貓咪，但又很懂得人情世故，是個難得的好老大。

照顧牠的姊姊有一個問題困擾很久：「為什麼每次摸摸你後，你就要跑去吃乾乾呢？」
這個問題，當下貓咪都顧左右而言他的沒有回答，一直到後面才偷偷的，像是附耳講悄悄話那樣的跟我說：『我發現，只要讓姊姊摸完後跑去吃東西，食物就會變得特別好吃！』

「變得好吃？」

『對啊，會變得好滿足，好快樂，吃起來非常不一樣，感覺變好香。但是過一陣子後食物又會變得不好吃，所以我要趕快把握時間，多吃一點香香的食物。你不要跟其他貓咪說喔，不然等牠們發現這個秘密的話，姊姊們就會很忙，因為大家都會要給她摸摸了～』

人類的摸摸帶著愛跟疼惜，接觸著毛孩的皮膚，牠們就可以接受到那份愛跟疼惜，連帶著讓吃進去的食物，看出去的景象都變得分外美好。

故事 4

媽媽：「為什麼你都不願意配合媽媽呢？」
狗狗：『我的個性很簡單。』
我：「怎麼說？」
狗狗：『我不想忍耐，我就不要忍耐。』

媽媽、阿姨跟我：「……」

媽媽：「對，牠的認知中真的沒有忍耐兩個字……」
狗狗：『都討厭了為什麼要勉強自己喜歡啊？你們好奇怪！』

真是對不起，人類就是這麼奇怪。（啼笑皆非）
在狗狗牠的狗生中沒有忍耐，一生唯舒爽二字。

故事 5

長子最近很喜歡沙發。
喜歡到都不來床上跟我睡的程度。

「你為什麼要睡沙發啊？」
『爽啊。』
「……」
我定神，調整呼吸，換個方式問：「你在沙發上睡覺的感覺如何呢？」
『這裡充滿我的玩具的氣味啊，有很多香香氣味，很放鬆喔（給我聞到貓草香香的氣味，像喝醉一樣放鬆），而且妳在這邊也鬆鬆的，我喜歡妳在旁邊跟我一起鬆鬆。』
「跟你一起鬆鬆會怎樣嗎？」
『一起鬆鬆，妳不會動，就不會離開我了啊。』
長子天真的說，一臉滿意：『妳鬆鬆的我鬆鬆的，就像妳跟阿姨說的，我們一起爛在這裡，都不要動，很快樂！！』

笑歸笑還是要跟小孩好好勸誘，「可是我想要你來床上跟我睡欸，我好想要有軟呼呼的小貓咪跟我睡欸～你來跟我睡我就有軟呼呼的小貓咪跟我睡了啊！我好想要喔！！」
『喔……』
小貓咪沉吟一秒，立刻爽朗回答：
『妳來睡沙發啊。』

「……」

『睡沙發，就可以跟我一起睡了。』

「………」

『這樣我好妳好，大家都好！！』

「……」

感覺型的邏輯，完美的讓人挑不出錯處。

故事
6

在2016年至2019年間，我跟貓咪們曾跟一隻狗狗一起生活了一段時間。

因為牠會玩逗貓棒、飯後會洗臉、對貓草包有反應，有潔癖、有規矩、有很多大大小小的眉角，實在是太像貓咪，所以我都暱稱牠叫大貓。

但在一起生活前，大貓跟媽媽也有很長、很跌宕起伏的一段故事。

牠的媽媽預約我跟大貓溝通時，出現了一段讓我印象非常深刻的溝通對話。

媽媽：「（因為一些關係需要讓毛孩子週末都去狗學校住宿）不知道牠還適應這樣的生活嗎？」

正在玩貓草包的大貓

我：「牠還蠻得意的，也很滿意啊！有媽媽在，而且其實這樣跑來跑去有一種時尚感……」

媽媽：「時尚？」

我：「……一種像空姐飛來飛去的時尚感。」

媽媽：「靠哈哈哈哈！」

對於一直改環境，大貓不但不覺得疲憊，不覺得有壓力，反而在這過程中體悟出了樂趣。

這個樂趣讓牠在面對新的改變時，有更多的彈性可以發揮。

大貓是個非常有趣的視覺型與感覺型優位的孩子（跟我們家貓咪次子相反。次子因為眼睛視力不好，所以反而會太過依賴感覺型，但就會比較偏向負面發展），牠的視覺型很大程度的平衡了感覺型會因為更換環境導致的不安，牠只要有一個明確的視覺標的物存在，就能憑藉著那個視覺標的物而感覺到安心。

牠的視覺標的物不是別的什麼，就是牠的人類媽媽。

這世界上最愛牠、最疼牠的人類媽媽～

只要有你，我就安心
攝影：吳柏源

## 4 本我型的表達大整理

### 不用解釋的愛，在你有空的時候積極撒嬌，在你沒空的時候放你自由

終於來到最後一個溝通模式，本我型。

這個類型的表達非常非常單純直接，以人類的形容詞來說，最精準的形容就是「直男」、「直女」。

本我型優位的動物，個性很獨立，很室友，不太需要陪伴，基本上可以把自己照顧好，物質慾望不高，牠們的愛是不用解釋的愛，在家長有空的時候牠們會積極展現，當牠滿足時，牠可以在自己的世界享受牠的歲月靜好。

我們家本我型優位的動物第一名，就是我們家的么妹，所以接下來的部分，你們會大量看到我跟牠之間生活的分享故事。

當我出門時，我都會跟家裡的孩子們報平安與聊天。我第一次帶著兩個哥哥去台北開課，獨留么妹一個在家（那時還沒有么弟）找到府褓姆一天兩趟的照顧她時，忍不住擔心的問她：「媽媽跟哥哥出門兩個太陽，一隻貓在家會無聊嗎？」

么妹給我一種悠然自得的感受。

『不會，我睡覺，我吃肉肉，阿姨摸摸，我自己會撒嬌。』
「這麼獨立呀～那想媽媽嗎？」
『不會啊。』
「……嗯？？？」

感受到我錯愕的情緒，我感受到么妹慢慢眨眼，往我腿上跟臂彎蹭蹭，小小打呵欠的表情。

『我知道妳會回來。我知道妳不會不要我。』
『而且，妳一直有在想我啊！』
『所以我想不想妳，會很重要嗎？』
『我們一直都在一起啊。』

很不浪漫，可是很務實。這就是本我型。

但偶爾、很偶爾，本我型小孩也是有浪漫的一面唷。

每次我出門回到家後，只要有待在床上，么妹一定會咚咚咚跳上來喵喵喵叫的撒嬌，最後待在牠的睡覺位置看我看到睡著。

「這樣做的感覺如何？」
『安心啊！』
「可是我不在你身邊時跟你講話，你感覺也很安心啊。」
『那也安心啊！』
「嗯？」
『這些都安心啊！都是安全的啊！』

么妹直話直說，『你不在時，我知道你會回來，所以我不緊張不害怕，而且有肉吃、有乾媽陪、有玩、有太陽、有你想我，我知道我很安全，我知道太陽出來、太陽下來不會傷害我。』

『你跟我說放心在家，我有放心啊！雖然會覺得你們不在好安靜喔，可是我知道你們都會回來啊！你有說過，你要搬家你一定會帶我啊，所以沒有搬家就要我在家等你啊，我記得啊～』

『你跟哥哥回來了，我很高興啊，因為有沒有摸摸還是不一樣嘛。所以我會一直看你，確定你有在，感覺到安心，就會想睡，但又想一直看你，要確定你在，可是我好睏喔，但我看著你我好安心喔，看著想著好想睡喔就睡著了啊！』

「……所以你才會睜著眼睛睡覺嗎？」
『？？？什麼我不懂。』
「沒關係那不重要。」
『喔！』

小女孩打個呵欠，真的很愛睏。
牠難得說這麼多話。

『好我想睡覺了，你忙，掰掰！』
「欸？可是我還想……」

小女兒直接閉上眼做好睡覺姿態，不讀不回。

各位朋友們，這就是本我型務實的浪漫，交代完覺得沒事就跑了，貼心的本我型值得你我深愛！（雖然覺得哭笑不得，但又覺得牠們好可愛喔～）

此外，本我型通常是不會主動討摸的小孩，牠們很清楚自己現在想要什麼跟不想要什麼，不能勉強也不能逼迫，牠們有牠們的堅持。

所以當這樣的孩子突然跑來撒嬌示好，膚淺的人類也就是我，就會很驚喜。

某天么妹突然很積極地跑來又蹭又撒嬌，還在我腿上窩一團，我樂壞了，摸著牠喜孜孜地問：「你知道你這樣做我會很開心嗎？」

說完了就可以睡了，
務實！

『？怎麼做。』
「就是突然跑來找我撒嬌啊！」
『？我沒有啊。』
「？？？那不然你跑過來靠著我做什麼？」

么妹打個呵欠，慢悠悠的舔個鼻子。

『我冷嘛。』

每當這時候我就會深呼吸，告訴自己，這是本我型、這是本我型、這是本我型，牠沒錯我也沒錯，就只是我要的浪漫，牠不會給我。

本我型在表達愛的務實有太多可以分享，最後來分享一個。
我前年買了一個新的跳台，么妹很快的就把那個跳台當成新的小天地，就算外頭大風大雨乒乒乓乓響，牠也可以在裡面睡得泰然自若。

「這裡不吵嗎？」因為跳台在窗戶旁邊，窗戶隔音不好，應該是蠻吵的才對。
面對我的疑問，么妹抖抖耳朵，『我看得到。』
「什麼？」
『我看得到你，轉頭就看到你。』
「所以？」
『所以緊張或怕怕，就看你，你在，就好，就安全。』

心口一暖，我忍不住柔聲勸哄：「真的緊張跟怕怕，也可以來找我，讓我抱抱你摸摸你啊～」

么妹換個姿勢，舒服的靠在箱壁上。

『先不要。』
「……嗯？？」
『看就好了，抱抱跟摸摸都先不要，謝謝。』
「看就好了？」
『你那麼大，怎麼會看不到。』
「……」

哭枵（khàu-iau）喔……嗚……

增溫小技巧

面對本我型優位的動物，記得！給牠陽光、空氣、水、滿足基本需求就好，佛系愛法。

不是牠不愛你，只是那是我們要的愛法，不是牠的愛法，那不代表牠不愛我們。

佛系看待，當某天因緣俱足時你就會理解，啊，我的孩子真的有愛我呢。

## 我很想你，不講不想講了再想

本我型小孩在想念這件事情上也很佛系，不講不想，講了再想，想完就會放下。

每次出門在外我都會跟孩子們報備跟聊天，反應最冷的永遠都是么妹。

「媽媽想你喔！」
『嗯。』
「有沒有想媽媽！」
『想你幹嘛？』

這什麼話啊啊啊？！

這樣的對話我已經從一開始的心碎到後面習以為常，畢竟牠覺得「你一定會回家啊，回家再找你撒嬌就好了，我現在想你你也不會出現啊！」這麼邏輯正確，反駁不了，久而久之也就這樣了，每天像傳簡訊一樣給么妹報一下平安看小孩已讀，就是我跟小女孩之間的默契。

2022年11月時我去綠島打工換宿3週，其中因為要去台北開課，有短暫漂回高雄睡了兩晚。那兩晚，么妹一反常態，在我旁邊黏很緊，黏到我懷疑牠是不是有被掉包。
我戳戳牠肚子，「啊不是不想媽媽？」
『？？？？』
小女孩一臉問號，『我想啊？』

「那為什麼我問你你都說不想？」
『你問的時候我真的沒有想啊。』
「那你什麼時候想我？」
『你問完我，斷線後，就開始想了。』
「……」
『等我不想你的時候，你又問我想不想了。』
「……」
『也是蠻累的。』
「…………」

偶爾黏人的么妹

假設么妹一反常態，各種貼著我睡覺。貼手臂、貼大腿、貼腳背……各種貼、各種主動，對此我是非常歡迎啦。以往好幾次的經驗都是問了後感覺到我單方面心碎（我就感覺型優位啊！我就喜歡浪漫啊！）但我都還是會問問。

「怎麼了？」
『？』
「你之前都很少找我。怎麼今天一直來找我？」
『看起來奇怪。』
「奇怪？為什麼？」
『因為你的頭是空的。』
「……？」
『你看起來是空的。』
「……？？？」
『你以前的頭是滿的。很多事情在繞。很多事情在跑。很多顏色在變。但是你現在的頭是空的。而且，我發現只要我在你眼前，你看到我，你的頭裡就出現我了。我覺得這樣很好。你以前頭裡很少有我。可是現在很多我。』
「……」

我消化了一下。
然後摸摸牠的頭。

「之前我很忙，很少在家，你感覺如何？」
『感覺……感覺悶悶的。不喜歡。』
「你也寂寞了嗎？」
『寂寞？那個悶悶的叫寂寞嗎？』

小女兒蹭蹭我的手指，感受著，『原來這個叫做寂寞。那種感覺真的不好。但沒所謂，現在沒有了。那就沒有關係了。』

「我以為你不喜歡我騷擾你。」
『誰會喜歡被騷擾？』
「……」
『我喜歡你腦裡有我。』
「騷擾的時候腦裡就有你呀。」

小女孩停頓了一下，像思考。
牠突然轉頭，走到一個遠點的地方趴下看我。

『那保持一點距離好了，這樣看得到我，腦裡有我了，我也不會被騷擾了。』

然後牠就這樣不靠過來了。

我們用看的就好了，不用貼身騷擾

啊，不過因為本我型的孩子很務實，所以偶爾還是會讓人感受到浪漫啦。

我出門在外整理好自己後就會用動物溝通的方式分別跟孩子報平安，給男孩組疼疼後輪到唯一獨生女么妹，結果么妹看我一眼沒有要摸要抱，就真的看一下，然後說：『媽媽好了吼？』

「？？？？什麼好了？？？」

女兒一臉理所當然，『有看到我，這樣就好了吼？』
感覺型的我玻璃心一下，不依不撓，「來，給媽媽抱抱（在意識能量中敞開雙臂）！」
『蛤，不要。』

本我型的女兒秒拒絕，感覺型的我秒心碎，結果女兒又補一句：『你快回家，我要抱真的你，假的不夠啦。』

……感覺型的我一瞬間又心情好了。

面對本我型優位的動物，記得！佛系愛法。（咦？我前面是不是也說過這句？）

當家裡孩子是本我型時，真的心臟要強壯一點，以及時時為自己做心理建設：牠們真的不是故意表現的很冷漠、很不熱情，而是牠們就是那樣的溝通模式。

這樣調適自我之後，你就會覺得舒服多了，因為我就是這樣～分享給各位～

## 我不開心，一但不開心就是大事

面對看似相對寡情的本我型，我們難免會忘記，牠們也是有脾氣的。

我在2019年至2021年間搬了蠻多次家，其中有一次非常倉促，有點像是逃命似的趕著到下一個租屋處，那個租屋處剛裝修完，到處散發著新刷油漆的氣味，我們的生活空間從原本的三房兩廳瞬間縮減為一房一廳，不只貓咪們緊張，我也很不安。

長子用聲音安撫了，次子用食物安撫了，就只有么妹，完全無法安撫，不斷地以每秒一喵的頻率低聲嚎哭，完全無法停止，我問牠可以怎麼幫牠，牠只讓我感覺到漫無邊際的害怕與不安。牠完全沒有做好任何的心理準備就被帶到新的地方，新的地方沒有任何熟悉的元素，全部都是新的氣味。

牠一直哭，我也很焦慮，我很想幫助牠但找不到任何方法，因為牠完全拒絕溝通拒絕給我任何回應，我本來就感到不安了，因為牠又更不安，就像陷入惡性循環，我開始有情緒，發脾氣，對於我的情緒，么妹更害怕，哭嚎的聲音更大聲更密集，第一個晚上完全無法好好休息，好好睡覺。

當人累到極致時反而會開始用不同的方式思考，我聽著么妹無助的喵聲，想到牠是本我型的孩子，想到本我型的孩子跟家長的情緒狀態關聯很強。牠這麼不安，是因為我也不安？是的，我的確很不安。那麼如果我穩定，牠也能穩定嗎？我決定來嘗試看看。

我把睡覺的氛圍準備好，點了我喜歡的線香，戴上耳機，隔絕讓我焦慮的喵聲，聽著讓我放鬆的靜心音樂，在昏黃燈光中我閉上眼，調整我的呼吸跟思緒，讓自己慢慢放空的同時也在心裡跟么妹喊話：我們是安全的、我們是安全的、這裡是安全的，放心，你如果不安，你找個地方躲好，沒問題的。

我們是安全的。

大概一小時過去後，我注意到耳機外好像沒有喵叫聲了。我放下耳機，證實那不是錯覺，么妹真的停止哭喊了。我在貓砂盆中找到牠，牠緊張的看我，不像剛剛的焦慮，牠給我感受到牠正在一點一點的冷靜下來。也能夠給我回應了。

『我要在這裡。』
「嗯，好，沒問題的。你準備好再走出來。」
『你覺得這裡安全？』
「對。我們都會是安全的。」
『好。我們安全。我相信你，我們安全。』

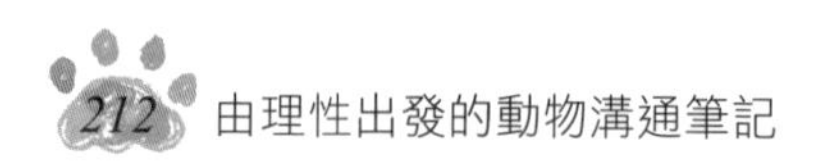

## 增溫小技巧

本我型的孩子很好照顧，但牠們有個很有趣的特質：牠們的狀態跟家長的狀態，成正相關。也就是說，家長狀況越穩定，小孩越穩定，反之亦然。

以及還有一點：當牠們不開心與心慌時只能等牠自己冷靜，任何的安撫都沒辦法完全解除牠們的不安。

所以家長該做的做了，能安撫的方法都使用完後，只要表現的穩定給毛小孩就好。

## 想要我懂的話，平舖直述講道理，合理就可以

在四種溝通模式中，最好協商的類型，首推本我型。

只要是4天以上的遠門，我都會認真的跟孩子事前告知以避免小孩陷入慌張。某天我跟么妹提醒道：

「小女孩，你知道我再5個太陽要出門嗎？」

『知道。』

「二哥會跟我去，所以大哥跟小弟會跟你在家。」

『那隻也在？？？』

牠所謂的那隻是指么弟。

「么弟會在牠房間。不會跟你一起。」

『嗯。』

感覺放鬆一口氣。

「么弟也可能會不在家，媽媽送去安親班。」

『不吵我都好。去了可以不要回來嗎？』

「……不行。」

感覺嘖了一聲。

「我會請乾媽來早晚各來一次。」

『嗯。』

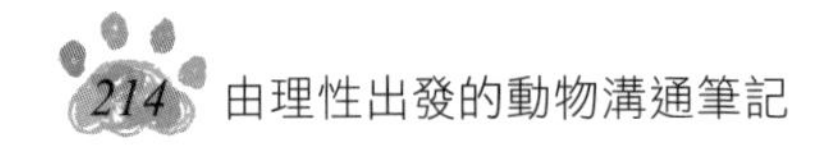

感覺冒出快樂小花朵，牠喜歡疼牠的乾媽。

「你跟哥哥好好睡覺，吃肉，上廁所，我出門後4個太陽就回家了。」

『嗯。』

「小女孩有沒有什麼想跟我說的～」

『沒有。』

「……」

『……』

「……真的沒有喔？」

『？？？要說什麼？』

「比如早點回家之類的啊！」

『你要早點回家，自己就會回來了，我有沒有說這個，有什麼差別嗎？』

「……沒有。是沒有啦……」

『嗯。』

「雖然是沒有…但是……」

『？』

「我想聽你說……」

『？哥哥會說啊。』

「……不一樣啦……」

『？？？你好奇怪。』

「……（淚目）」

我、我才不奇怪啦！！！

看吧，
我把自己照顧得很好喔

但是這樣簡單的告知後么妹牠就可以了，接下來幾天就是吃吃喝喝睡睡，到府褓姆回覆完全無異樣，牠的日子過得非常舒心。

我當年去了巴西6個月，這孩子也是唯一一個沒有任何異常表現的。

這就是本我型，只要有好好告知，牠們有心理準備了，牠就可以把自己照顧得很好。

認真的把要做的事情，用簡單的話語（大概像對3～5歲幼兒對話那樣）解釋一遍後，本我型孩子就不會出現太大的情緒起伏跟變化。反之如果沒有說明，牠們可能就會覺得不踏實，那可能就會發生其他的表現，這部分要看動物除本我型以外其他的溝通模式會怎麼呈現。

## 本我型的故事小合輯

這邊為大家獻上一些本我型的小故事合輯，讓大家體會一下本我型優位的日常生活。

故事 1

首先又要來分享我家么妹的耿直。
某天在我回高雄前，我靈機一動，想先關心一下小女兒的狀況。

小女兒：『我很好喔很棒喔特務阿姨很疼我喔我等媽媽回家喔好喔掰掰喔』

然後牠就掛電話離線了。
……？？？？？

是、是啦我只是想關心一下，不過連個噓寒問暖的時間都不給我，我、我、我心理不平衡啊啊啊……！

說著說著就只能釋懷了，本我型的孩子，要佛系啊。

『嗯？啊就真的都很好啊？』
的臉

故事 2

2022年安排去綠島換宿一個月，在安穩渡過一週後，我想說雖然都有跟家中小孩報平安但還沒正式跟牠們聊聊，所以就挑了一天跟么妹說說話：

「小女孩～」

『？』

「家裡都還好嗎？」

小女孩給我感覺牠如照片般躺著，打呵欠。

我等了幾秒沒有任何回應，又問了一次：

「家裡都還好嗎？」

小女孩給我看洗臉的樣子。

我等了等還是沒等到，明知道不能一直問同樣的問題還是忍不住問：

「家裡都還好嗎？」

小女孩又打了個呵欠。

又扭了扭身體，瞇起眼。

『……你自己看啊？』

牠的意思是，我看起來有不自在嗎？我看起來很自在，那家裡會不好嗎？

概就是這麼好的狀態

故事 3

2021年12月時我搬了最後一次家，有過以往經驗後，我對搬家告知這件事已駕輕就熟，因此三貓們反應都蠻冷靜的，也蠻不錯，最緊張的么妹找到地方窩著就不動了，長子一直想跑出來晃（牠還趁窗簾師傅開大門衝去樓梯間探險。），次子太緊張又尿在籠子裡但是還好！下面有很多布料！所以牠跟與牠同籠的妹妹倖免於搬到新家就要洗澡的劫難。

晚上大致塵埃落定，長子早早就在牠的位置上睡覺了，次子還在找，么妹黏緊緊，我看著牠們問：「新家如何？」

長子已讀。
牠對這問題回答到有點膩了，因為牠在正式搬進來前已經來過幾次了，那時就有回答過我牠的想法，對於反覆回答一樣的問題，牠不想要。

次子瞇瞇眼，『感覺都沒吃飽。』
「因為我還不熟悉這個廚房。」
『但剛剛有吃飽。』
「剛剛我給你60克罐頭肉飽飽的。明天會恢復正常。」

本我型真的就是務實

『我不喜歡吃乾飼料。』
「嗯我知道。我用肉肉給你吃。」
『好(*￣︶￣*)』

么妹忙著舔肚子。那是牠自我安撫的一個行為。
牠頭也不回，『忙啊。』
「你覺得呢？」
『？我覺得怎樣？』
「這個家啊。」
『我才剛來欸。』
「……」

對、對不起，我太早問了。

感覺型的孩子都很貼心的回答我當下的感受，只有本我型的么妹覺得自己才剛來是會有什麼感想。

故事
4

來分享本我型對於好吃食物的反應。

2021年中秋節朋友特地送了我寵物月餅，我開心的分享給貓貓吃，一個個問心得，問完哥哥們後問么妹：「小女孩，這個好吃嗎？」

『嗯！』

「……嗯？」

『（繼續吃）』

我等了等，沒有別的回應，忍不住錯愕問：

「沒了？沒有別的想法嗎？」

『？？？好吃。』

「……」

『……？？』

「沒了？？？」

小女孩一邊舔盤一邊覺得我莫名其妙。

『好吃就是吃完啊，還要幹嘛？』

「可以表達一些別的想法……之類的……？」

『喔。』

小女孩舔舔嘴一臉意猶未盡，『那再給我來一些吧，我還有點餓。』

「……」

算了，我放棄，女兒是本我型，就是務實、就事論事、有什麼說什麼。

好吃就是吃完，吃完就是好吃，結案！

2020年時我為三貓訂製了有牠們睡姿的可愛碗盤，拿到實品後我很開心，就問了孩子們的感想。

開箱的時候長子蹦過來看，『你在幹嘛？』

「拆你們碗碗～」

『碗碗？』

「對啊，上面有你們睡覺的樣子，超可愛喔～」

『？？？』

長子困惑的沉默幾秒，問：『你每天都可以看我們睡覺，為什麼要畫在碗碗上？』

「……誒？」

『而且這是我的碗碗不是你的啊！為什麼沒有問我要畫什麼？！』

「……誒？？」

長子鼻孔噴一口氣，一臉義正嚴詞。

『我的碗碗上不該是畫我啊！應該要畫你啊！我想要隨時都看著你，這樣我就可以吃飯時也看到你了啊！！』

……誒？？？！！！（竊喜）

為什麼我的碗裡畫的
不是我要的！

么妹的回應也很貫徹始終，牠對於那個東西充滿困惑：『這什麼？』

『碗？』

『？？？』

『什麼奇怪的東西？？？』

『這是我？！』

『才不是啦！！！』

『這是我的碗？』

『喔因為是我的碗所以裡面有我？』

『好吧那我用。』

實際使用幾次後，小女兒突然有一天很生氣的對我大叫。

『媽！！！』

「？！幹嘛？？？」

『你不是說那是我的碗？！」

「嘿對幹嘛？！」

『哥哥在舔我的碗啦！（尖叫）』

「…………」

啊妳就沒吃乾淨，二哥去收尾很正常啊！可是看著氣怫怫（Khi-phut-phut）的小女生，我還是默默阻止了洗碗機次子，把剩餘肉肉撥到次子碗裡，聽牠雀躍說『長肉肉了~』然後把妹妹碗拿去洗……

「不明白那跟自己有什麼關係」
的表情

「小女孩啊。」

『嗯？』

「媽媽訂這個也是因為，如果你們不在我身邊，我可以看碗碗想你們啊。」

『可是我們不會不在你身邊啊，都是你出去不在我們身邊欸。』

媽媽本來想浪漫一下，秒被女兒擊沉。

女兒看著沉默的我還追加：『看碗碗不如看我們啊，不要出門不就好了嗎，就可以一直看我們了啊，出門早點回來就好啦，就不會看不到我們，我們也看不到你了啊。』

「……」

『想念比不上真的摸摸抱抱啦。』

「……」

『所以我要找你撒嬌！』（撞進懷裡）

「唉唷。」

本我型還是直球比較快啦。

**故事 6**

某一天，有個小女孩吃太飽反作用力「嘔！嘔！」的把食物全吐出來，不偏不倚全部吐在我的大英博物館蓋亞．安德森貓娃娃抱枕（有感覺到我很氣嗎？有感覺到嗎？？有沒有感覺到？？？）跟牠的床位上，什麼時候不吐，偏偏是吃生肉加主食罐的時候吐。

我當下看到牠吐真的是倒吸一口氣、眼前發黑，差點軟腳倒地裝死想當作夢一場。

於是暴怒的我含淚丟了貓娃娃（我有試過洗掉，洗不掉啊啊啊洗不掉啊啊啊嗚嗚啊啊啊）跟牠床位上的珊瑚絨毯，因為我太氣了，氣到跟牠說「之後床上沒有妳的床床了！沒有了！妳只可以睡沙發！！不可以來床上！！媽媽太傷心了，太傷心了！！」

……

………

……說完沒隔幾天，生命就找到了出路，小女孩就在原本放牠床鋪的位置找到了新的床鋪。

………貌似還比之前那個還舒適。

么妹認位子不認睡舖，反正這個位置就是給我睡的不管放什麼我壓上去就對了。

完全沒有把前幾天我的震怒放在心上，
睡得怡然自得的小女孩

# Part 4
# 從溝通裡我看到你，也看到我自己！

## 1 在開始前的準備

每個人開始接觸「動物溝通」這件事情的契機都不同，有人是因為想知道動物在自己家生活得快不快樂、有人是想知道動物有沒有哪裡不舒服而家人們沒注意到、有人是想告訴動物們這個家很安全請牠們安心、有人單純只是好奇這是怎麼運作的、也有人只是想知道這個方式能不能應用在人類（如嬰幼兒、身心症的孩童等）身上，為此才開始探索這個領域，並在過程中收穫許多經驗。

**這些理由形形色色，卻有一個共通點，那就是「愛」**。

因為「愛」，我想了解與我不同的物種、想知道牠們的喜怒哀樂、想明白牠們沒有文字的表達、想盡己所能的嘗試著與牠們連結，想告訴對方自己的「愛」，也想讓牠們感受到這份「愛」。**「愛」是每個人都擁有的一種感受，就算是理性務實的人，也可以描述與接收「愛」的能量**。

坊間有許多人分享動物溝通、分享這份愛，鼓勵每個人自己去感受這一切，卻忽略了在現今教育體制下長大的我們，習慣用左腦的理性、思考、判斷來審視與觀察，突然要我們運用右腦來感受與體驗，一定會有一段混亂期與撞牆期。

## 2 一起邁出的第一步

理性的我們學習每個新事物都需要循序漸進，學習動物溝通這件事當然也需要步驟。

**要問最重要的第一步是什麼？答案只有一個：「靜心」**

靜心的方式有許多種，閉著眼睛放空是一種、到戶外遠眺山巒是一種，理性的人在這一步會遇到些挫折，因為很容易在嘗試靜心時就分心了、睡著了、或意識神遊去了，到最後也搞不懂到底靜心的目的是什麼？要達到什麼程度才算做對了。

但真的不用想得那麼複雜，靜心的目的很簡單：

- **讓因思考而習慣高速運轉的頭腦降速**。
- **清理不再需要的繁雜思緒**。
- **讓自己有停止的空檔**。
- **提醒自己放鬆**，**慢下來**。

這四個目的可以幫助我們先對理性面喊停，停下來後，再慢慢讓感性面活絡起來，因此才說是最重要的第一步。如果不讓理性面停下來，我們會一直卡在「真的假的？」、「是這樣子嗎？」、「我有做錯嗎？」、「要到什麼程度才是好？」等很邏輯的問答迴圈裡，並可能因此產生挫折感。探索最初最忌挫折，因此我們需要改變方法，讓自己用安全的方式開始這個過程。

我習慣的靜心方式叫做「韻律呼吸」，流程很簡單，隨時隨地可做，分享給各位參考。

## ✯ 韻律呼吸｜作法步驟

1. 找一個舒服的坐姿，最好能夠靠著牆，讓脊椎能挺直。躺下也可以，但容易睡著。

2. 隨著每一次的深呼吸，感覺空氣經由鼻腔吸入→氣管→肺部→橫膈膜→甚至到胃，再由胃→橫膈膜→肺部→氣管→口腔（或鼻腔）吐出去。

3. 呼吸的節奏盡量放慢，以4拍為節奏，讓每一口氣充滿體內每一個細胞。

4. 在呼吸過程中，去感覺身體裡「1平方公分的安靜」。你可以先專注在你的呼吸節奏上，緩緩吸氣4拍，吐氣4拍，重複進行這個循環，意識飄走了沒關係，再拉回來數節奏，只要意識飄走就拉回來數節奏，在心中慢慢的數數，吸、2、3、4，吐、2、3、4，反複這個過程，慢慢的會感覺到你的身體內部會出現一種安靜沉穩的感受。那個感覺不大，小小的，大概1平方公分，當身體內部出現這小小的感受時，可以試著把注意力放在那感受上持續做韻律呼吸。當我們把注意力放在那個安靜點上並做韻律呼吸時，會感覺到自己更為平穩、專注且放鬆。

5 在靜心初期，如果感覺到分心、胡思亂想、意識飄走或專注力不足，是正常的。靜心就像電腦要運轉更流暢，避免卡頓和滯後，需要更多記憶體來讓應用程式運行時，我們就會進行「刪除暫存檔案」、「清空資源回收桶」或「磁碟清理」，以提高電腦讀寫速度的行為。靜心初期會先釋放掉意識內或者能量場中不再被我們需要的能量（像電腦執行「清除記憶體緩存」），我們只需要關照與看著那些畫面與感受流過即可，不需去在意，只要提醒自己拉回來韻律呼吸，持續進行，慢慢地便能達到靜心狀態（清理完成）。

6 在過程中若感覺到身體中突然有不舒服的部位或者感受，就想像在那個部位的不適感，在吸氣時變得鮮明，吐氣時變得淡薄，慢慢的，隨著吐氣送出身體之外，直到褪去。

7 當身體維持在一個舒服、微放空的狀態時，可以準備結束過程。

8 恢復自然呼吸的節奏，做2至3個深呼吸。

9 動動手搓熱掌心，熱敷雙眼、喉嚨與胸口，再張開眼睛。

這個方法很舒服，在練習初期很容易想睡，**記得：這完全不是問題。**

現代人因為生活緊湊，呼吸都會特別淺、輕，長期下來難免會有一種輕微缺氧的感覺，讓人容易疲倦。當我們有這個機會慢下來好好的吸氣、吐氣，讓身體的每個紅血球攜帶充足養分運送給每個細胞時，身體的第一個反應通常會是「關機休眠」，因為這對疲憊的細胞們來說就是可以好好休息、更新的指令。

**靜心初期一直睡著、分心、意識不集中，都不要氣餒，也不要自我否定，這只是過程。**日常生活中越常讓腦高速運轉、越常需要接觸大量資訊、越常在處理與解決問題的人，這過程會稍長一些，也會更容易睡著，這些真的都是正常的，請放心。這個狀態會隨著練習的頻率慢慢改善，甚至有的人練習到後來會有點懷念當初一數4拍就昏迷入睡的自己。（咦？）

每日起床後、睡前，建議都預留10至20分鐘給自己，作一次完整的韻律呼吸清理，為新的一天注入活力，也可以卸下一天過去後的疲憊感。

我很喜歡「呼吸」這件事情。

呼吸，是每個人獨有的表現：沒有人有一模一樣的呼吸節奏，是身體上絕對奪不走的獨特性。藉由有意識的感受自己的呼吸速度、深淺，我們可以很清晰的感受到自己的存在，感受到空氣如何進出身體、感受那些平常沒有注意的微小肌肉是如何運作的。現今的教育環境引導我們成為「同樣的樣子」，因為這樣才方便管理與控制，一樣的制服、一樣的課程、一樣的功課，甚至是一樣的生涯規劃，這些「一樣」隨著教育進入我們的潛意識，讓我們覺得自己也「應該」要成為那個樣子。但僅僅**透過「呼吸」**，**我們可以發現自己不一樣的部分**，**發現「不一樣」可以是安全的**，**從這個「不一樣」開始一點一點往外延伸**，**一點一點的張開感受**，**去體驗新的風景**。

在呼吸的節奏裡，我們藉由「**1平方公分的安靜**」，在一片混亂中找到一個重心。以這個重心作為圓心，向外重新定義世界，定義自己是誰，定義感受與認知的邊界，當世界對我們有意義，世界會開始與我們互動，而動物們也是這樣的。

隨著每一天，一點一點的清理、釋放，我們緩下來也靜下來後，就可以開始用新的視野與方法來開展與動物溝通的感受了。

## 3 從溝通模式開始理解

理解並運用好「溝通模式」這項工具，我們可以慢慢了解怎麼跟自己好好對話、了解自己喜歡什麼樣的表達方式、了解如何照顧別人的溝通模式，用更和諧、更借力使力的方式來與彼此溝通，降低猜忌和誤會，在每一段關係裡充分實現和諧的狀態。如前所分享的概念，動物與人類之間有相仿的溝通模式。也因此，我們可以在雙方互動中，體會到更深層的體悟。

舉例來說：我跟我家貓長子都是聽覺型優位的，所以在跟牠的相處中，我理解自己喜歡被如何對待、習慣被如何照顧，在與其他人於日常生活相處中，減少雙方對話上可能產生的挫折。

在理解「溝通模式」以前，我很討厭跟視覺型的家人互動，因為那不是我的優位溝通模式，但總是被他們要求以視覺型的溝通模式與他們互動。但是，當我意識到我家貓次子是視覺型時，每當我越跟牠交流，我好像就越能學著以視覺型的角度來理解每一件事情。一開始難免會覺得有挑戰性，很多時候我跟次子都會有不開心的情緒，但是面對動物，人類啊，就是會有更多的包容更多的體諒，於是一次一次的，因為次子，我開始學習著換位思考，不再堅持著要用聽覺型的溝通模式去碰撞視覺型的溝通模式，學著用更溫和的方式，在我理解他人溝通模式的同時，也讓對方來理解我的溝通模式。

當我學習到溝通模式這個概念，我姊是我第一個分享的對象。我先是用說的，她一臉茫然，我驚覺「糟糕！我又用聽覺型的方式在表達！」趕快拿紙筆文圖並茂的展現，她也很快就掌握了這個理論。在那之後，當她因為我把桌面弄亂未及時整理要對我生氣時，她會頓一下想一下，隨即釋懷「啊對，你不用眼睛的！」讓原本一觸即發的爭吵瞬間消弭，而我也會在要生氣她都不聽我說話前，頓一下笑出來，「我在氣什麼，你就不太用耳朵的啊！」我們彼此間運用溝通模式，讓彼此的感情變得更和諧。

**聽覺型與視覺型的矛盾，可以用愛與理解來包容彼此。**

剩下本我型和感覺型兩種溝通模式，我比較陌生的是本我型，因為我是感覺型優位，對於應付本我型自然相對不擅長。偏偏我家么妹是本我型溝通模式，以前我都覺得牠表現好冷淡，是不是不愛我、是不是不喜歡我，可是當我理解牠的溝通模式後，就不會覺得跟牠對話會很挫折很熱臉貼冷屁股，反而會自己開自己玩笑，「啊！牠就是個小直女呀～」甚至有時候還會故意以此來鬧牠，去感受牠直球回擊我。我知道過往那些與牠相處時產生的難過與受傷是自己的誤解跟投射，牠根本沒有那些想法，是我自己想得太多。

最後一個感覺型，非常非常值得大書特書。

感覺型溝通模式優位的人，在現今社會裡，都會比較辛苦、比較壓抑，因為現今社會並還沒意識到，我們可以安全的表達我們的真實情緒，以及尊重與接受每個人如實呈現自己（這部分的呈現不包括傷害他人肉體與情神上之行為，比如嫉妒、憎恨、破壞性衝動、惡性競爭、暴力行為等等）。可偏偏感覺型溝通模式優位的人們，天生較易感（也可稱為「高敏感族」），情緒容易產生上下起伏，會因為自己當下的感受好與不好而有不同的反應，卻為了讓自己符合社會氛圍，一次一次的把那些情緒與感受嚼碎、硬吞下肚，如鯁在喉，直到自己的身體再也承受不了，轉化為疾病從內向外的爆發出來。

### 郞莉和你說

高敏感族（Highly Sensitive People, HSPs），亦被稱為共感人（empath），是於90年代由美國心理學家艾倫博士（Elaine N. Aron, Ph.D.）提出。其概念偏向「大眾心理學」，而非「臨床心理學」，與常見的精神疾病無顯著相關，且並非為臨床定義之人格特質。高敏感族的特質為：

| | |
|---|---|
| 深入思考 | 對於周圍發生的事情進行深入反思與分析。 |
| 深刻感受 | 對於自己和他人的情感體驗敏感，更易感受到各種情緒。 |
| 易受刺激 | 對於環境刺激更敏感，例如光線、氣味、噪音和觸感等。過多刺激可能會產生不適。 |

| 高度覺察 | 對細節和觀察力敏銳，能察覺到人或環境中的細微變化和非言語訊息。 |
|---|---|
| 抗壓力低 | 對於壓力和壓力反應更敏感，可能需要更多的時間和方法來處理和恢復。 |
| 深情善良 | 對他人的感受通常很在乎，願意給予支持和關愛。 |
| 需要獨處 | 經常需要獨處時間來恢復和重新充電，以平撫來自外界的過度刺激。 |

高敏人對內、外在刺激敏感，容易被情緒淹沒、感知力較強，他們的大腦在處理感官資訊時（sensory-processing）特別敏感，除此之外。多數高敏人比較容易壓力大、甚至出現憂鬱的情緒，他們的生理症狀也會比較多，例如他們可能比較容易出現心痛、腹瀉等等生理症狀，也可能出現社交障礙、覺得自己很難交朋友。但其實高敏人只要認知到自己的特別，可以逐步隨著練習在生活中找到平靜。

部分感覺型優位的人，會因為在人際關係中的被傷害、被霸凌、被欺瞞等狀態，為了保護自己而在潛意識中選擇把「感覺」關起來，藉此麻痺自己，讓自己以本我型的溝通模式來應對這社會付諸自己的壓力，而我曾經也是其中之一。

**當我最一開始學習溝通模式時，我以為自己是本我型溝通模式優位，因為我覺得自己對什麼都沒感覺。**

沒有覺得特別好、沒有覺得特別不好，每件事情都沒有起伏，反正太陽下去就是天黑，太陽起來就是天亮，沒什麼好在乎的。跟我的貓咪互動時也充滿挫折，「為什麼別人的貓貓狗狗都這麼會表達？」、「為什麼我看著牠們可以知道牠們大概想幹麼，卻沒有畫面也沒有感覺？」我一度自暴自棄覺得自己就是沒辦法學會這個東西，我太理性了、我沒辦法，大概經歷了半年多的撞牆期，直到接觸了溝通模式的概念後，才漸漸的開始注意到：「不對啊，如果我是本我型優位的，那為什麼我養的貓，大部分是感覺型溝通模式優位？」

以此為契機，我開始花時間觀察自己、審視自己、梳理自己，慢慢的整理出自己感覺型的那一面。**原來不是我沒有感受、沒有情緒，而是我為了保護我自己，把感受關起來，把它切斷了。**

老實說，慢慢把感覺接回來的過程中有點挑戰，因為我需要開始重新去感受，不管那是好的不好的，不管那情緒是什麼，就單單是接受它、讓它進入你的內心、識別出它是誰、再讓它經過你離開，這個過程也有許多起伏，我開始變得「有情緒」，不再是什麼都好，會大聲表達我的喜好，讓我在尊重他人的同時仍能讓對方了解我的感受狀態，不再對人不對事。在動物溝通中也是。慢慢來，先從「靜心」開始，釐清那些恐懼、不信任、否定的情緒，讓它們隨著呼吸流動出腦外，慢慢去感受，各種各樣的感覺都仰賴於我們在日常生活中的體驗與累積，一點一點的，幫助我們在動物溝通的過程中可以更快的連結到那些感覺。

透過視覺，我們可以看見貓咪吃零食、狗在公園散步的樣子；透過聽覺，我們可以聽見鳥在啾啾叫、倉鼠鑽進木屑堆裡的細碎聲響；透過動物天生的生存本能，我們知道蜜袋鼯喜歡吃麵包蟲大於吃飼料、蛇喜歡相對陰暗的環境等等。但透過感覺，我們可以更深入這一切感官：感受到肉泥在口腔中滑潤的口感，感受到公園貼面而過的風、地上青草帶著泥土的氣味，感受到鳥鳴叫時全身上下竄動著的興奮與快樂，感受倉鼠的毛皮蹭過木屑堆的舒爽，感受蜜袋鼯吃著麵包蟲時的飽滿口感與滿足、感受到蛇在陰暗角落中的安心與穩定感，這些，全部都是感覺。感覺，每個人都必備，這是嬰兒剛出生時就啟動的溝通模式。

**在動物溝通中，我們常常說直覺很重要，但我真的覺得比起直覺，更重要的就是感覺。**

如果我們沒有感覺只有直覺，我們會忽略掉很多生命中的美好體驗，比如透過窗簾縫隙灑落桌面的夕陽光芒、穿透頭頂樹蔭直射而下的正午暖陽、奶酪的綿甜細緻、戚風蛋糕的蓬鬆柔軟、夏天的風迎面吹上臉頰的清新乾爽、棉料在肌膚上的細緻觸感、躺在地板上伸展四肢的舒暢感……這些珍貴的感受，都源自於我們的感覺，都可以豐富我們在動物溝通過程中的內容。

## 4 從溝通模式開始練習

還記得你的溝通模式順序嗎？記得自己的優位順序是哪兩個嗎？

透過認識自己的優位順序後，我們就能夠在日常生活中安排小練習，幫助自己的優位溝通模式可以運作的更加順暢。

比如在生活中認真的觀察，去加強使用眼睛，留意細節，或練習用不同的角度來看一樣的東西（高的、低的、遠的、近的看）注意車聲、注意風吹過髮梢的聲音，比較不同的鞋跟踩在水泥地上的聲響差異；慢慢地吃東西，細細品嚐食物的細節，細嚼慢嚥，用舌頭去發掘食材的每個層面；當你突然靈光一閃時先抓住它、記下來，嘗試跟著你的直覺走，去觀察會發生什麼樣的改變。

這些日常生活中的練習能夠幫助我們更深化我們的知覺與感官，有助於讓我們在跟動物溝通時，可以有更多的「素材」來反應與轉譯，更穩定的連結彼此之間的生命經驗。

溝通模式可以對應我們的身體感官：

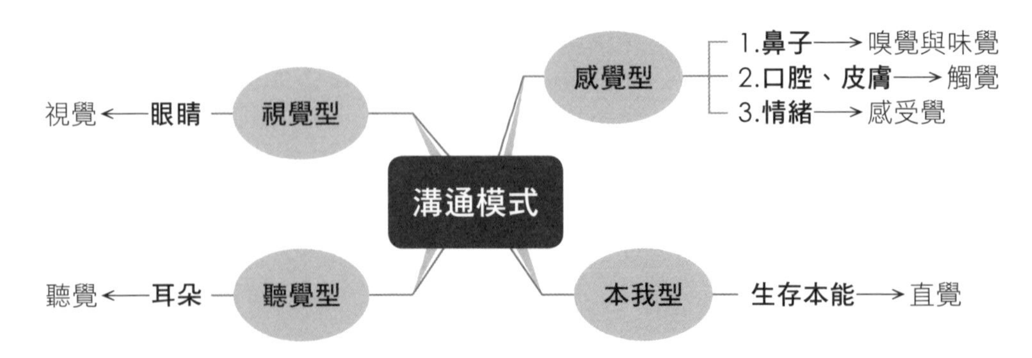

以下整理出了一個表格，方便大家了解每個溝通模式中可能會有的呈現，以及練習方式。

| 眼睛──→視覺 | 耳朵──→聽覺 |
|---|---|
| 【溝通中連結到的記憶】<br>1. 會抓取過去記憶看過的相近畫面代入（跑過草地的畫面→穿過草叢的畫面）。<br>2. 動物表情、肢體語言。<br>3. 物品形狀、空間配置、曾經歷過的畫面。<br>4. 因為動物是色盲，所以不用強調顏色。 | 【溝通中連結到的記憶】<br>1. 會抓取過去記憶聽過的相近聲音代入。<br>2. 生活當中的聲響居多。<br>3. 不一定清楚，可描述聲音給人的感受。<br>4. 比如唱歌的旋律很模糊，但可以說這個旋律給人一種溫暖跟被愛的感受等等。 |
| 【練習方式】<br>1. 多留意身邊景象。<br>2. 隨時審視身邊的各種事物。<br>3. 可去寵物店看實際寵物用品熟悉。<br>4. 觀察動物的表情時試著連結牠們的行為與呈現出來的狀態。 | 【練習方式】<br>1. 多留意環境聲響。<br>2. 傾聽動物的聲音時試著連結牠們的行為與呈現出來的狀態。<br>3. 上網找Sound Effects Collection之類的聲音資料庫網站來聽，增加聲音記憶連結。 |

| 鼻子──→嗅覺與味覺 | 口腔、皮膚──→觸覺 |
| --- | --- |
| **【溝通中連結到的記憶】**<br>1. 會抓取過去記憶聞過的相近氣味代入。<br>2. 留意生活中的各種氣味，菸味、香水味等強烈氣味。<br>3. 有時人類覺得很臭、動物卻很喜歡。（比如屍體的氣味，狗會很喜歡在上面翻滾）<br>4. 嗅覺可以豐富味覺上的風味，人的舌頭只能感受到酸甜苦辣鹹，是鼻後通路偵測口腔中的氣味後得知食物的風味，因此有種說法是「聞到即吃到」。 | **【溝通中連結到的記憶】**<br>1. 會抓取過去記憶感受過的相近觸感代入。<br>2. 嘴巴裡的酸、甜、苦、辣、鹹。（但動物跟人類感受不同，人類覺的甜的可能動物覺得苦）<br>3. 嘴巴裡的觸感，比如軟、硬、多汁、乾柴、有無嚼勁等。<br>4. 冷、熱、薄、厚、鬆、緊等身體感受。<br>5. 空間大小、距離遠近、時間體感。<br>6. 力道的輕重（撫摸與拍打）。 |
| **【練習方式】**<br>1. 留意生活中出現的氣味。（比如下雨後公園草地潮溼氣味、翻書時的氣味、不同空間中的氣味等，不論好壞）<br>2. 嗅聞四大超商氣味，比較它們氣味上的差異。（然後就會發現門市開得多跟少的超商，真的差很多）<br>3. 吃東西前可以先深度嗅吸以記得風味。 | **【練習方式】**<br>1. 在日常生活中有意識的活動身體。<br>2. 隨時注意自己的身體狀態。<br>3. 留意走路的體感、身體的放鬆程度等。<br>4. 吃飯時放慢速度感受口腔中的食物。<br>5. 騎車時可以練習用體感測驗時速與距離。<br>6. 培養適度運動的習慣以連結身體感受。<br>7. 平時多花時間體驗身體觸覺。<br>8. 慢慢洗澡，慢慢觸碰每一寸皮膚。 |

| 情緒──→感受覺 | 生存本能──→直覺 |
| --- | --- |
| 【溝通中連結到的記憶】<br>1. 會抓取過去記憶感受過的相近情緒代入。<br>2. 任何的正向情緒。（興奮、開心、滿足等）<br>3. 任何的負面情緒。（恐懼、緊張、害怕等）<br>4. 可能會以身體感受呈現。（胸口緊緊的害怕，胸口熱熱的開心等） | 【溝通中連結到的記憶】<br>1. 速度很快、天外飛來一筆，沒有原因。<br>2. 有時不符常理。<br>3. 通常都跟基本生存本能有關。（很快速的好與不好，餓與不餓，想留下或者離開等）<br>4. 不會有情緒，相對中立。 |
| 【練習方式】<br>1. 保持靜心的習慣，放鬆身體。<br>2. 在每一次感覺情緒（無論好壞）時，給自己空檔以識別與體驗，就算當下無法，也要在事後給自己一個反芻的機會。<br>3. 培養覺察力，像剝洋蔥般認清自己的情緒。（我看到狗翻垃圾桶很生氣→我的生氣是因為我不知道牠吃了什麼我很緊張→原來我的生氣是源自緊張跟害怕→自責自己沒有收好垃圾桶→我的生氣也源自自責，經由覺察梳理脈絡，識別出情緒再好好的表達） | 【練習方式】<br>1. 保持靜心的習慣，放鬆身體。<br>2. 信任自己，先接受答案。<br>3. 不試圖合理化答案。<br>4. 不試圖解釋答案。<br>5. 第一時間先肯定自己。<br>6. 用保持開放的體驗來取代質疑。<br>7. 用後續的觀察來驗證直覺。 |

**學習動物溝通，一直以來，都存在著許多方法。**

感性的人有感性的學習方式，理性的人有理性的學習方式，兩種人適合不同的方式，但他們同樣的都是，很愛很愛自己的動物夥伴，很希望他們跟自己生活時沒有委屈沒有難過，每一天都是快快樂樂開開心心的。

理性的人學習動物溝通，除了自我信任和耐心，還需要細膩的觀察與實驗，反覆驗證，持續注意任何改變，就像做實驗，有時可以一蹴可幾、有時需要時間，不能急。動物行為觀念跟人類行為觀念基本上是天差地別的，例如人類會覺得狗狗張嘴吐舌喘時像是在笑，忽略了那可能是犬類的安定訊號之一。

**與其說動物溝通是讓彼此好好說話，不如說，透過動物溝通，人類可以學習到更細膩的生活方式**：不趕時間、不匆促、不將就、能夠將心比心、易地而處，在關懷動物的同時，也能更關心自己的生活品質，更認識自己，讓自己成為一個更好、更快樂、也更柔軟的人。

這是動物來到人類身邊的目的之一，透過我們向外的目光，在動物的身上看見自己，看見自己的好，包容自己的不好，愛動物，也可以愛自己。

讓彼此在愛中，在理解中，一起越來越和諧，越來越幸福。

# 「晚安心肝」——屬於我們的情書

在這本書編寫、校對工作接近尾聲時，可愛的小心肝次子在我與長子、么妹、么弟的陪伴下畢業了，編輯建議我在書中寫下這篇後記，不僅是紀念小心肝次子，也希望能夠陪伴更多家長走過毛孩離世的哀傷與不知所措。

2023年年初，次子的健康狀況就在走下坡，愛吃的牠因顳顎關節問題無法再大快朵頤，只能吃罐頭泥和舔肉汁。牠一樣吃很多，但腸胃脹氣與消化機能退化使牠無法吸收所攝取的熱量，於是日漸消瘦，剃毛遲遲長不回來，傷口復原變慢，牠開始變得不快樂，會突然生氣，對一切都好生氣，對不能吃很生氣、對無能為力的自己很生氣、對讓我憂心忡忡的自己很生氣、對一直叫牠吃胖的我很生氣……但這麼多的生氣都是因為牠很挫折、很無助，因為除了生氣，牠也不知道自己還可以做什麼。

在牠離開前幾週，我不止一次的想起從前和牠一人一貓在台北雅房裡生活的片段：那時的我朝九晚五規律的工作，牠一天只有8小時看不到我，我上班以外的時間都屬於牠，牠很快樂，任何時候都窩在我腿上貼在我身邊，用很可愛的聲音呼嚕呼嚕。

我知道牠很懷念那個時候。
其實這已經讓我心裡隱約有個底了。

於是我讓牠回到跟我一對一的狀態，那幾天牠的心情非常好。但離開前48小時，牠開始不吃不喝，甚至躲了起來。離開前12小時，牠從沙發下走出來，在浴室前趴著很久，我發現牠身邊有一灘尿。牠失禁了。那又是個跡象。

我抱牠起來整理，又抱牠到沙發上彼此依偎著，牠變得好輕、好像一件易碎的物品，牠頭靠著我的胸口，我們開始很輕很輕的交談。

心肝。是不是很累了？
——嗯……

身體有感覺到痛嗎？
——很像隔著一層膜，模模糊糊，很睏。

你願意再努力嗎？
——（疲憊感從胸口蔓延到全身。）

媽媽幫你決定，我們不用再努力，如何？
——（感覺牠呼口氣，累累的把身上的重量壓在我的身上。）

媽媽已經做了準備，準備好放手了。
你準備好，我陪你一起。陪你一起到最後。
——（停頓幾秒後，我腦中浮現牠嘟嘟嘴看我的樣子。）
——（´･ω･`）。
——（那是一種放心的眼神，剛剛胸口的疲憊感淡掉了許多。）

你一直都很愛我抱抱你，我也很愛這樣抱抱你。
我們最後這樣抱抱著道別，好嗎？
——好啊。

是不是捨不得我？

——（鼻酸感衝上眼眶。）

我真的沒忍住，眼淚在眼眶裡轉。

我很捨不得你，但我知道你已經勇敢到最後時刻了。我們一起體驗了許多，你搭過機車、汽車、捷運、高鐵、臺鐵、公車、船、飛機，你還跟著我去了小琉球、綠島，去了好幾次喲。我帶你兜風，你在背包裡我騎車，你探頭瞇眼吹風，聞海風的氣味、聽海浪的聲音，我們一起探索了很多很多的風景。

你一向是隻勇敢的小貓咪，讓我想起年幼的你突然很勇敢的爬到我大腿上，開始對著我的肚子踩踩，還咬著我的衣服，像在喝奶。你的勇氣引發了我的衝動，你那勇敢的瞬間實在是太有威力太有力量了，直接把我的堅持整排推倒，決定把你帶回家。

我常說這個世界對我偶爾不友善，但你是這個世界特地為我量身打造的寶藏禮物，是最完美的小貓咪。

我們約好。在最後，最後一次的抱抱、最後一次的親親、最後一次的晚安，一起把過程走完。我會陪著你走完。

最後，我們也做到答應彼此的，你輕輕地睡在我懷裡，雖然過程還是有點不真實，但我們真的做得很好，沒有遺憾、沒有難過，把可以做的都做了，想說的都說了，這是我們都滿意的結束的方式，所以情緒平穩，只有在很突然的瞬間眼淚會潰堤。

發現少洗一個碗、在貓砂盆中挖不到你特有的尿塊、不小心喊出你的名字時、看見滿屋子屬於你我的回憶，理智斷線，又猛的開始眼淚滴答流下，哭完擦擦眼尾繼續做事，接著又被戳到淚點，週而復始，這個過程會花很多時間，這都是正常的。

就讓情緒來了又走吧，來了又走、來了又走，容許自己的悲傷如潮汐起伏，我們可以本來還笑著下一秒哭出來，也可以上一秒含淚接著又因為回想到好笑的回憶笑出來，這就是過程，是動物希望我們學會的一個過程：「**如實面對你的情緒，並與之共存。**」

這個過程會花點時間，但隨著每一次的崩解與建構，你會把回憶跟著碎掉的自己一起拼回來，一片片，把對孩子的愛都拼到自己身上。**牠們會成為你的一部分，成為你說出口的話語、成為你愛下一個動物的行為、成為你的所思所想，而且這時候的你們已經再也不會分開了**。

你們將進入一段嶄新的，永恆的關係裡。

人類會透過「悲傷」記憶，因為怕忘記而重複悲傷。記憶的方式有很多種，悲傷是最快但卻不是最好的方式。我們害怕自己忘記孩子，怕想不起來跟孩子一起共渡的時光，怕自己不會再難過了。

但不難過並不是我們不愛了，是離世的孩子已經與你一同內化，成了你之所以是你的部分。牠們藉由你，繼續在這個世界存在著：**你與你的同伴動物以這樣的形態，擁有一段嶄新的關係**。

《蘇西的世界 The Lovely Bones》中我最喜歡一段話：

> 我的死或許讓他們的生活失序，但假以時日，
> 生命終將長出新的骨幹〈bones〉，
> 大家的心像是一副互相交織的骨幹，
> 不管身在何方，無論時間如何奔流，
> 都將會逐漸地擴展和伸長，
> 生命的圖樣會發展出新的面貌。

在最後，我們要慢慢建立新的生活秩序。

這段時間裡，所有的過程與掙扎都沒有浪費彼此的時間，沒有好、沒有壞，沒有任何一個環節可以省略。

「心肝。」

『(´・ω・`)？』

「最後想說什麼嗎？」

『嗯！(´・ω・`)』

我腦中出現眼睛微微像弦月般彎彎，帶著溫柔的笑意的牠，耳中聽到牠海豚般可愛的呼嚕聲。

『謝謝你們愛我。』

『可以愛與被愛……』

『真是太好了！』

謝謝你，我可愛的小心肝。

謝謝你們，一起參與了這場告別式。

『晚安～(´・ω・`)』

國家圖書館出版品預行編目(CIP)資料

由理性出發的動物溝通筆記/鄔莉作. --
第一版. -- 新北市：商鼎數位出版有限公司,
2024.02

面； 公分

ISBN 978-986-144-254-9 (平裝)

1.CST: 動物心理學

383.7 112022533

由理性出發的
動物溝通筆記

作　　者　鄔　莉

發 行 人　王秋鴻
出 版 者　商鼎數位出版有限公司
地址：235 新北市中和區中山路三段136巷10弄17號
電話：(02)2228-9070　傳真：(02)2228-9076
網路客服信箱：scbkservice@gmail.com

編輯經理　甯開遠
執行編輯　尤家瑋
美術設計　黃鈺珊
編排設計　翁以倢

2024年2月15日出版　第一版／第一刷